高等艺术院校视觉传达设计专业教材

印刷媒体设计

（第二版）

吴建军 著

中国建筑工业出版社

《高等艺术院校视觉传达设计专业教材》编委会

顾　问：陈　坚

　　　　　过伟敏

主　编：陈原川

编　委：(按姓氏笔画排序)

　　　　　王　俊

　　　　　王　峰

　　　　　朱琪颖

　　　　　过宏雷

　　　　　吴建军

　　　　　莫军华

　　　　　魏　洁

序

中国艺术设计教育进入了繁荣发展的关键时期，以发展的角度来看，艺术设计教育的早期知识构建及专业知识的传播功不可没。然而，传统的教学方法观念落后，内容陈旧，难以满足高度发展的社会需求。近年来许多院校及时调整了课程设置，完善了课程体系，在教学内容和教学方式上进行了大力改革，并出现了一些教学探索方面的教材和专著，这是一种非常好的现象。要知道艺术设计方面的教材在专业构建的早期可谓寥若晨星，之所以艺术设计专业没有"院编"教材的原因有多种，首先，不同的学校教学目标、办学层次不同；其次，艺术设计是与时俱进的专业，有不断更新补充内容以适应发展需求的特点；再次，艺术设计的创造性思维不同于理工学科，因为有着"艺术"的界定而使设计没有绝对的衡量标准。所以，长期以来艺术设计教育因校不同、因人而异，百家争鸣、百花齐放。

基于这些特点，也基于对设计教育现状的了解，规范性的教材难编写是显而易见的，无形之中对新编系列教材提出了较高的要求。

一个学校的办学思想是非常重要的，江南大学设计学院作为国内第一个明确以"设计"命名的学院，发展历经了 50 年，形成了自己独有的艺术设计教育理念，积累了科学的设计教育方法。依托设计学院近年所承担的国家级、省部级教学改革研究项目和国家级、省部级教学成果，以及省级"品牌"专业建设的成效，江南大学设计学院与中国建筑工业出版社共同策划并推出本套高等艺术院校视觉传达专业教材。教材以先进的教学理念指引，以前沿的意识更新知识的观念，解决目前艺术设计教育现实的难点。并运用创造性的突出实践、强调科学的设计方法，提出独创的设计训练；倡导专题化的教学，启发同学的创造力、想象力、思考力，与传统意义层面的教学相比较，在思考方式和设计方法上有了相对科学的提高。

本套教材召集了多位江南大学设计学院颇具人气的优秀青年教师，他们卓越创新的精神，丰富的教学经验，带给了这套教材全新的面貌。

教材建设是一个艰难辛苦的探索历程，书中的不足还恳请专家学者批评指正，也希望广大同学朋友通过学习与实践提出宝贵的意见。

感谢参与教材编纂的全体老师，感谢江南大学设计学院视觉传达系，特别感谢为本套教材提供鲜活案例的视觉传达系历届同学们。

江南大学设计学院
陈原川
2009 年 6 月于无锡太湖之滨

1

2
2
2
3
4
4
6
8
8
9
9
10
10
12
14
16
18
20
22
24
28

序

ONE
印刷媒体设计

早期的信息传达方式

雕刻的文字符号——甲骨文

不朽的青铜器铭文

一统天下，一统文字

秦砖汉瓦

简牍帛书

玺印 / 封泥

笔和墨

造纸术

拓碑

楷书风范

雕版与活字印刷时代

雕版印刷术

雕版印刷的发展

宋体字

雕版工艺

活字印刷术

饾版 / 拱花　彩色套印的最高境界

木版画的制作程序

集彩色雕版套印之大成的《北平笺谱》

书籍的装订形式

34

36

36

40

40

44

46

47

47

47

48

48

49

50

50

52

54

56

约翰·谷登堡与现代印刷术

印刷的影像时代

照相制版

印刷的数字时代

DTP 输入方式

DTP 制作及处理

DTP 的输出

数字信息储存的方式

数字信息的压缩技术

网络的电子文件传送

数字打样技术

CTP 直接制版

数字印刷

印刷工艺

凸版印刷工艺

凹版印刷工艺

胶印工艺

丝网印刷工艺

58
58
58
59
60
61
62
62
65
66
69
72
74
76
80
82
84
84
86
87
88
88
90
92
96

印后工艺

上光工艺

覆膜工艺

烫金工艺

凹凸压印工艺

模切压痕工艺

印刷与色彩

RGB 光色

HBS 色彩的属性

印刷的网屏

CMYK 印刷色彩

专色

纸张开切与开本尺寸

拼版与页面编排

纸张的折叠

书籍的装订方式

精装书籍的结构

外部结构

内部结构

书籍出版流程

书籍设计课程练习

《 顾城诗集 》

《 周易注释卷 》

《 现场日记 》

《 地球村 》

102
102
104
106
106

120
122
122
122
122
124
124
126
128
130
132
132
133
136
144

纸制品包装印刷工艺

纸盒包装分类

包装设计制作流程

包装设计课程练习

包装设计练习分为三个内容

TWO

丝网印刷工作室

准备进入丝网印刷工作室

为什么选择丝网印刷工艺作为印刷实践课程

丝网印刷工作室运行的要求

丝网印刷工作室的空间划分

网版制作

丝网

网框

绷网工艺

绷网操作

制版工艺

手工雕刻版膜法

感光制版法

晒版工艺

印刷工艺

One

印刷媒体设计

甲骨文奠定汉字的基础，秦始皇一统六国的文字，成熟规范的楷书书体产生，雕刻与拓印技术的成熟，纸张的发明，佛教文化传播的推动力，共同促使印刷术的产生。

印刷产生之时就具备复制信息和传播信息的功能。印刷促进人类文明的快速发展，印刷不断地发展，不仅体现了书籍和纸张材料的印刷，而是已经深入人们生产、生活的方方面面。

印刷媒体的发展经过三个时代：雕版与活字印刷时代——信息传达方式的转折时代；影像时代——印刷媒体的工业时代；数字时代——高速的信息传达时代。当今的印刷媒体设计涵盖印刷技术、印刷工艺、设计、艺术、数字技术、色彩、摄影、材料、化学、光学等多学科。

印刷媒体设计是视觉设计专业方向的必修课程，是从事视觉传达设计所必须具备的基础能力。通过印刷媒体设计的课程教学，学生可了解印刷技术在视觉艺术设计中的作用与地位，基本懂得印前技术和相关知识，初步掌握印刷媒体再现设计效果的基本方法和工艺特征。印刷课程的教学在关注印刷工艺和技术的同时，还要研究印刷媒体的表达语言。

早期的信息传达方式

雕刻的文字符号——甲骨文

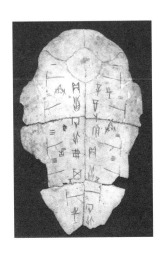

公元1899年，清末著名的金石学家王懿荣在中药的"龙骨"上发现了早期的文字——甲骨文。

甲骨文因在龟甲和兽骨上刻有文字而得名。甲骨文的内容是有关卜辞或与占卜有关的记事文字。甲骨文由商朝的"贞人"以朱砂和墨为颜料，用毛笔书写在甲骨之上，再用刀按书写的字形雕刻而成。

甲骨文呈竖向排列形式，大小不等，文字的起笔、收笔呈尖形，转折处笔画过渡明显，文字呈现雕刻痕迹。甲骨文笔法纯熟，雕刻技艺精湛。

甲骨文契刻方式跨越盘庚至文丁的商王朝。

● 甲骨文在发展之始，就以书写和雕刻形式保留文明的符号，从而为印刷术构筑了发展的基础。

不朽的青铜器铭文

青铜器始于商末，盛行于西周。青铜器上的铭文又称"金文"、"钟鼎文"。铭文的内容主要记录祭祀、重大历史事件以及社会活动。

青铜器的铭文经过书写、制范、铸造、修磨四道工序完成。青铜器铭文的制作首先用陶土做好青铜器的泥范，然后在泥范表面书写并刻上铭文；再将陶土烧制成陶范，把熔化的青铜浇入陶范中，待冷却后拿掉陶范，从而铸成青铜器。

青铜器的铭文系浇铸而成，笔画粗壮、圆润自然、凝重有力。铭文呈竖向排列，大小均匀，文字的起笔、收笔、转折处笔画圆润。

青铜器铭文最多的是"毛公鼎"，共有497个字，体现出高超的铸造工艺。

● 青铜器铭文呈凹字，这就需要泥范是反刻的凸字，这与雕版印刷的制版工艺非常相似。青铜器铭文的浇铸技术为金属活字制作奠定了发展基础。

战国时期七国不同的文字和货币形态

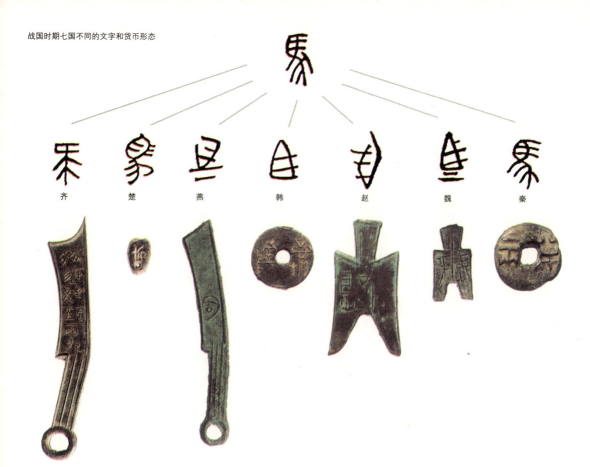

齐　楚　燕　韩　赵　魏　秦

一统天下，一统文字

公元前221年，秦始皇统一中国，建立了中央集权的封建制度。战国时期，7个诸侯国没有使用统一的文字。"言语异声，文字异形"的状态影响国家政令的统一，于是秦始皇在先秦文字的基础上规范了文字，以小篆作为天下书写的范本。汉字的统一，有利于人们的信息沟通、交流和文化的传播。

石刻文字始于殷商而盛行于秦汉，秦朝石刻文字有碑、碣、摩崖刻石三种形式。秦朝的刻石仅有泰山刻石和琅琊台刻石留存于世。明代锡山华夏、安国递藏北宋拓本泰山刻石是典型的小篆书体，文呈竖向排列形式，行间距整齐，字体左右对称，字形整齐，结构紧密，文字的起笔、收笔、转折处圆润。秦朝石刻艺术奠定了汉字版面编排的基础。

秦砖汉瓦

秦汉时期国力强盛,大兴土木,广筑宫殿陵庙,从而成为砖瓦艺术的全盛时期。采用砖瓦上雕刻或者用模具翻制的形式。画像砖是以刀代笔的独特艺术,表现手法多样,有线刻、凹面线刻、凸面线刻、浅浮雕。瓦当除了建筑的实用功能外,还极富装饰效果。瓦当的内容广泛,有各种适合纹样形式的吉祥文字、动物、抽象图形。砖瓦的雕刻和烧制为泥活字的产生提供了很好的启示。

简牍帛书

在没有出现纸张和印刷术之前,简、牍和帛是书籍的主要形式。

简牍始于商代末期(公元前10世纪),到战国时代已被普遍应用,直至东晋(公元400年),沿用时间很长。

简　断竹为片也,人们把竹片做成的书,称为"简策"。
牍　木片也,将木片做成的书,称为"版牍"。

■ 简有两种:

汗简　把竹子放在火上炙干而去其汁,竹汗已去,则可免朽蠹;
杀青　去除竹子的青皮。

■ 牍用于书信称为"尺牍";而用于图画的称为"版图"。

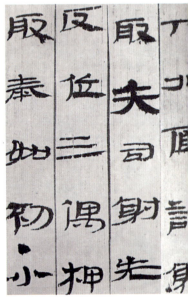

一部书要用很多简。为了保存和阅读的方便，这些简必须依照文字的先后次序，上下两道用较牢固的绳子将其连接起来。编连的简便成为"策"（即"册"）。编连简策也使用皮条，为使编绳不易滑动，在需缚绳处刻出缺口或穿孔。通常这样编成的一策，即是一篇首尾完整的文字，所以又叫作"篇"。

简策最前面那根为空白竹片，叫"赘简"，赘简背面一般用来写书名或篇名。策的最后叫"末简"（或"尾简"），以末简为轴，将策卷成一束时，赘简背面的书名或篇名，就成了这部书事实上的封面。对于稍长的文章或著作，必须分写在几束简策上，则在书名或篇名之下注明序号。

一册册竹简，有的用帛包套起来，也有的用口袋盛放。用帛包裹的称为"帙"，用口袋包装的称为"囊"。《说文解字》："帙，书衣也"。盛放简策的"囊"和"帙"犹如现代书籍的护封与函套。

玺印 / 封泥

玺印篆刻可以追溯到商代中期,安阳殷墟出土三方青铜印。

春秋战国时代古玺盛行,是行政机构行使职权、关市管理赋税征收和商品流通的需要。在商业上,古玺起生产牌记或商品信用的作用,一般在商品的内部或底部烙印玺记。

秦印一般多为凿制,布局疏朗活泼,线条较细,颇具率直、自然之气;汉印则以庄重华丽、浑厚沉雄为其主要风格。

玺印以文字为主,也有动物、人物、抽象纹样的肖形印。

玺印字体一直使用篆书,具有独特的金石风格。古代的藏书家以玺印为记。

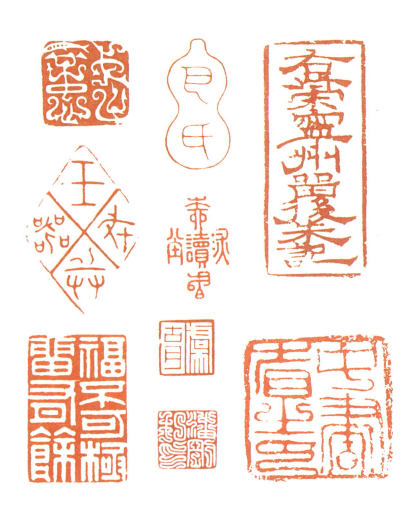

秦朝时，印章用于封泥，用于封签书信、文件以及物品的包装。

道教葛洪（公元317～420年）所著《抱朴子内篇》中记载有："入山佩带符，以枣心木方寸刻之；古之入山者，皆佩黄神越章之印。其广四寸，其字一百二十，以封泥著所住之四方各百步，则虎狼不敢进其内也"。

笔和墨

商代已经使用笔和墨,甲骨文先是用笔书写,然后再雕刻,文字呈现朱砂和墨色两色。

最早出土的笔和墨为战国时期的。

蒙恬是秦始皇时制笔名家。公元 3 世纪,出现了一位制墨大家叫韦诞(字仲将),人们称赞"仲将之墨,一点如漆"。他的墨是用松烟制成的。北魏的《齐民要术》一书中详细记载了松烟制墨的方法。隋唐以后,制墨工艺更精良,并有各种造型的墨锭。

造纸术

考古发现表明造纸术发明于西汉中期(公元前 1 世纪),纸的发明和推广应用,对社会文化的推动作用是相当巨大的。它不但提供了一种轻便、廉价的书写材料,也是印刷不可缺少的承印物。

在范晔《后汉书·蔡伦传》中,有关于造纸的记述"……自古书契,多编以竹简,其用缣帛者,谓之为纸。缣贵而简重,并不便于人。伦乃造意,用树肤、麻头及敝布、渔网以为纸,元兴元年(公元 105 年),奏之上,帝善其用,故天下咸称蔡侯纸"。

考古发现的东汉纸张,北方造纸大都是以麻纤维为主,并配以少量的树皮为原料。以麻为主要原料的称为"麻纸",而以桑树皮为主要原料的则称为"桑皮纸"。之后,南方造纸以嫩竹、麦秸、稻草、藤条等为主要原料。

东汉时期造纸工艺已十分完备,造纸工序有:

■ 原料的浸沤、蒸煮,去除纤维的杂质;

■ 将原料捶捣,使纤维更为精细;

■ 抄纸是将纸浆掺入水中,用抄纸帘在水中抄纸,漏去水后,帘上就出现纤维交织的薄片,将薄片晒干后揭下,就成为纸张。

纸的质量不断提高,产量不断增加,纸作为书写材料的应用越来越普遍。公元 2 世纪时,东汉桓帝下令废简用纸,纸本书籍已完全代替了简牍和帛书。

当时书写的纸张为求美观又不致受虫蛀,晋人发明了黄檗汁浸麻纸的"入潢"处理。

纸张普及后,抄书之风流行,寺庙中有专业抄写经书的写经生。

拓碑

碑刻形式源于战国时期,拓印技术则起源于南北朝,兴盛于隋代。用纸张将凹下的石刻文字,通过拓印的方法,取得更多的复制品,称作"拓碑"。拓印也是一种与印刷术很相似的工艺方法。历史上有很多碑文已经毁坏,就是靠拓片的形式才流传至今的。

● "响拓"是一种文字复制方式,方法是将文字的轮廓双勾后填墨。

楷书风范

三国时魏国的钟繇《宣示表》是形成最早的楷书字体。

东晋王羲之《黄庭经》中的楷书书风淋漓流畅。

唐代尚"法",楷书成熟发展,有秉承魏晋风范,并自成一家的欧阳询、虞世楠、褚遂良、薛稷,史称"初唐四家";有"纳古法于新意之中,生新法于古意之外"的颜真卿;有"骨法用笔"晚唐时的柳公权。

楷书的字形呈方形,由点、横、竖、撇、捺、折、勾、挑八种基本笔画组成。楷书讲究书写标准,结构严谨,笔画穿插呼应,笔画书写规律性强,具有很好的识别性。

● 自唐朝开始楷书一直作为官方的通行文字使用,规范的楷书成为印刷字体的基础。

书法艺术的典范——王羲之所书《兰亭序》以拓片形式流芳百世

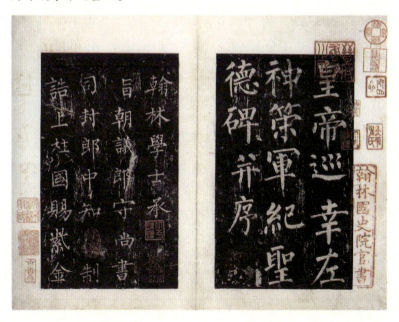

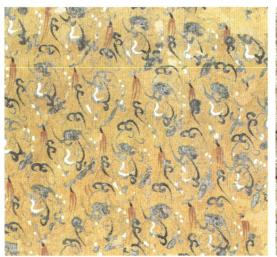

雕版与活字印刷时代

雕版印刷术

1973年在长沙马王堆一号西汉墓中出土的几件印花纱，展示了公元前2世纪中国高超的印花技术。这些印花纱经历2000余年，出土时仍然色彩鲜艳、光彩夺目，体现了高超的印刷技术。

马王堆西汉墓出土的印花纱是用两种工艺印制而成的。

一种是用漏印的方法，先印出图案轮廓，再用手工涂染色彩，称为漏印敷彩纱；另一种是用凸版套印出金银火焰图案。同时出土的还有用印花纱制成的衣物。

明代胡应麟（公元1551～1602年）所著的《少室山房笔丛》中有："雕本肇自隋时，行于唐世，扩于五代，精于宋人"的记载。

明代陆深（公元1477～1544年）所著的《河汾燕闲录》中首先引用《历代三宝记》说："隋文帝开皇十三年（公元593年）十二月，敕废像遗经，悉令雕撰，此印书之始"。这是最早关于雕版的记录。

明代邵经邦所著《弘简录·唐长孙皇后传》中记载："唐太宗贞观十年（公元636年），唐太宗为纪念长孙皇后，下令梓行《女则》十篇"。"梓行"就是雕版印行。这是历史上最早的印书记载。

唐末冯贽在《云仙散录》中，记载了贞观十九年（公元645年），"玄奘以回锋纸印普贤像，施于四众，每岁五驮无余"。这是最早关于佛教印刷的记录。

1966年韩国庆州佛国寺释迦塔内发现了一卷《无垢净光大陀罗尼经》，经卷纸幅共长620cm，高5.4cm，上下单边，画有界线。作品有60多个写经体，武则天所创"武周制字"共出现8次，因此推断此经印刷于唐朝武则天（公元684～704年）统治时期。《无垢净光大陀罗尼经》为卷子装，采用楮纸12张印刷，卷首尾为朱漆木轴。

1900年敦煌石窟发现的唐咸通九年（公元868年）的雕版印刷品《金刚般若波罗蜜经》，采用卷轴式装帧。它是将7张印页裱贴在一起，长约一丈八尺，再配以轴芯而成。卷首是佛教创始人释迦牟尼在祇树给孤独园说法的图画。卷末题"咸通九年四月十五日王玠为二亲敬造普施"，是现存最早标有年代的印刷品。

1944年成都东门外望江楼唐墓出土"成都府、成都县、龙池坊卞家"的印买咒本《陀罗尼经》是国内现存最早的印刷品。

（那）
写经体

（授）
周武制字

雕版印刷的发展

《梅花喜神谱》为宋嘉熙二年（公元1238年）宋伯仁绘编金华双桂堂刻本，是我国最早的画谱。此谱按"蓓蕾、小蕊、欲开、大开、烂漫、欲谢、就实"的顺序，上题古诗，展现了梅花的百种姿态。

宋真宗大中祥符四年（公元1011年）在四川印制发行"交子"。这是最早纸币的印制，宋代的纸币多为多色印刷，有朱、墨间错，也有黑、蓝、红三色印刷。版材由硬木和0.4cm厚的铜版刻成。

北宋山东济南刘家功夫针铺模铸铜版（12.4cm×13.2cm），是现存最早的商品包装铜版，版面中间是一个兔儿标记，上面横写"济南刘家功夫针铺"；右边竖写"以门前白"；左边竖写"兔儿为记"；下方有广告文句"收买上等钢条，造功夫细针，不误宅院使用，客转为贩，别有加饶"等字样，图形标记鲜明，文字简洁易记。这是一张包装纸、仿单、招纸三位一体的设计。

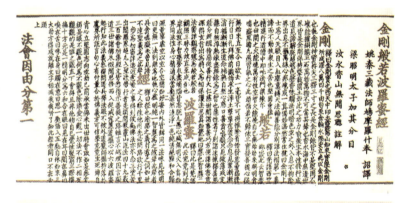

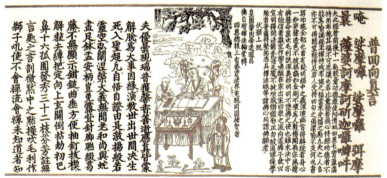

现存最早的朱、墨双色套书籍是元至正元年（公元 1341 年）中兴路资福寺所刻印的《无闻和尚金刚经注解》，标题金刚般若波罗蜜经穿插在正文字中，并配有插图《灵芝图》，版式设计精美，经折装。

明代是木版插图的顶峰时期。小说盛行，大多配有插图，许多画家绘制了精美的插图，尤以陈洪绶的《西厢记》《水浒叶子》《娇红记》等作品艺术造诣最高。精美的刻书来自技艺精湛的刻工，其中徽州刻工水平最高。

明代弘治至万历年间（公元 1488～1597 年）年画的印刷十分兴盛，其内容为"门神"、"寿星图"。

最有名的有天津的杨柳青，在明代中期出现印刷作坊，"家家都会点染，户户全善丹青"。雕刻风格受北方雕版插图和画院传统的影响，杨柳青年画先印刷后再渲染形成与众不同的风格。

苏州的桃花坞是江南著名木版年画印刷作坊，早在明万历二十四年（公元 1596 年）刻印过一幅《百寿图》。桃花坞的木版年画印刷技术上有很大突破，最大的用纸幅面可达 110cm×60cm。

山东杨家埠在清代初期用红、黄、青、紫、绿五色，印制风筝。

宋体字

唐朝佛教经书的抄写由寺庙里的写经生完成，最早的印刷版样由善书之人担任，随着印刷业兴起，出现专业的印刷工匠，写工、刻工和装裱工人各工种齐备。宋体是从印刷工匠开始的模仿书法字体，逐渐发展成为印刷专用字体。

宋版书所刻的字体有肥、瘦两种：肥的有仿颜体、柳体；瘦的有仿欧体、虞体。其中颜体和柳体字的顿笔高耸，已经略具横轻直重的一些特征。

北宋时雕版印书通行结构方正匀称的印刷字体，南宋刻本已具备宋体字特征。

明初民间流行一种横画很细而竖画特别粗壮、字形扁扁的洪武体字，像职官的衔牌、灯笼、告示，私人的地界勒石、牌楼祠堂里的神主牌等都采用这种字体，之后一些刻书工人在模仿肤廓字的过程中创造出一种非颜非欧的宋体字体。明代弘治、嘉靖年间，仿刻宋版书盛行，印刷字体从仿宋体字演变为笔画横轻直重、字形方正的宋体字。

宋体字的特征为"横细竖粗,横平竖直,字形方正,点如瓜子,撇如刀,捺如扫,起笔、收笔、转折处有明显的装饰角"。

印刷术发明后,刻字用的雕刻刀对汉字的形体发生了深刻的影响,特别是由于这种字体的笔形横平竖直,雕刻起来的确感到容易。它与篆、隶、真、草四体有所不同,别创了一格,阅读起来清新悦目,因此就被日益广泛地使用,成为公元16世纪至今都非常流行的主要印刷字体。

明代刻本中,宋形略长,字体清秀明朗。刻书使用粗、细两种宋体字。字体端庄,结构严谨,比例适中,笔画粗细合理,有较好的阅读性,给人以整体的美感。

● 虽然宋体字创于明代,但萌芽实始于宋代,因此,宋体字的名称一直沿用至今。

雕版工艺

雕版的材料选用纹理较细的木材,如枣木、犁木、梓木、黄杨木等。

雕版的工艺过程分为写版、校样、上样、刻版、补修等步骤。当最后校正无误后,才能交付印刷。

写版 又称为写样,由善书之人先书写在较薄纸上。等版样校正无误后成定样,才能进行上样。早期雕版印刷的规格,多沿用写本的款式,规格比较自由。宋代以后,随着册页装订的使用,版式才逐渐定型。

上样 也称为上版,就是将书写好的版样反贴于加工平整的木板上,并通过转移的方法,将版样上的文字转印到木板上。在木板表面先涂一层很薄的浆糊,然后将版样纸反贴在板面上,用刷子轻刷纸背,使字迹转粘在板面上,待干燥后,轻轻擦拭纸背,用刷子除去纸屑,使版面上的字迹或图画线条显出清晰的反文。刻字工匠即可以按照墨迹刻版。雕刻精细版面多用此种方法。

刻版　这是印刷前最关键的工序，它决定着印版的质量。它的任务是刻去版面的空白部分，并刻到一定的深度，保留其文字及其他需要印刷的部分，最后形成文字凸出而成阳文反向的印版。

雕刻的具体步骤：先在每字的周围刻划一刀，以放松木面，这称为"发刀"，引刀向内或向外推刀，然后在贴近笔画的边缘再加正刻或实刻，形成笔画一旁的内外两线。雕刻时先刻竖笔画，再将木板横转，刻完横笔画，然后再顺序雕刻撇、捺、勾、点。最后将发刀周围的刻线与实刻刀痕二线之间的空白，用大、小不同规格的剔刀剔清。文字刻完后再刻边框及行格线，为保证外框及行线的平直，可借助直尺或专用规矩。最后用铲刀铲去较大的空白处，即完成了一块印版的雕刻。为保证印版的耐印性，雕版上文字笔画及线条的断面应呈梯形的坡度。

印刷　也称为刷印。印刷时先将雕版和纸张固定在案桌上，使用圆刷将墨汁均匀涂于凸起的雕刻版面上，再将纸张平铺其上，用长棕刷擦拭纸的背面，然后将印好的纸张从版上揭下来，得到正文，从而完成一次印刷。

活字印刷术

元朝沈括所著的《梦溪笔谈》中记载了毕昇的活字版技术。毕昇发明了泥活字版工艺,宋庆历年间(公元1041～1048年)印刷史上的伟大创举——活字版诞生了。

木活字版为元代科学家王祯所创,他的著作《农书》中的《造活印书法》详细记载元大德元年(公元1297年)请工匠开始制作木活字,二年完工,共制三万多个活字,大德二年(公元1298年),用这幅活字试印《旌德县志》。王祯还设计了转轮排字盘和按韵分类存字法,使活字排版的技术与工艺大大向前推进。

华渚所著的《勾吴华氏本·华燧传》中记载,无锡人华燧的会通馆最早使用铜活字,明弘治三年(公元1490年)排印的铜活字印本《宋诸臣奏议》150卷。

明《无锡县志》记录无锡人安国使用铜活字排印书籍。明正德七年(公元1512年)排印有铜活字版地方志《东光县志》。印有"锡山安国活字铜板刊行"字样的安氏印本校勘精良。

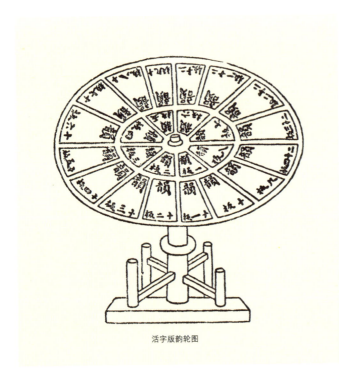

活字版韵轮图

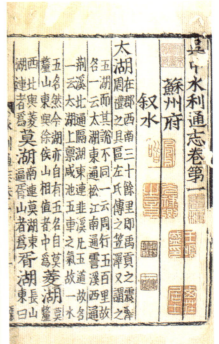

乾隆四十二年（公元 1777 年）武英殿使用木活字印刷《钦定武英殿聚珍版程式》，书中详细介绍了武英殿木活字版印刷的工艺

武英殿　清朝前期唯一的中央出版印刷机构，"钦定"、"御批"的书籍都统一由这里编辑、出版、发行到全国各地。这里所出的书统称为殿本（或殿版）。康熙、雍正、乾隆三朝的 100 多年，是武英殿的全盛时期，印刷图书的数量和质量都越过以前任何朝代。雍正六年（公元 1728 年）印制铜活字版《古今图书集成》，乾隆年间印制木活字版《聚珍版丛书》，这是历史上最大规模的木活字版印刷工程。

● 武英殿木活字排版材料及设备
（1）造木子，就是造木活字刻坯。
（2）写字与刻字。
（3）字柜与活字的存放。
（4）槽版。
（5）填空。
（6）类盘。
（7）套格（每半版为九行）。
● 武英殿木活字排版印刷工艺
（1）摆书　排版，分为拣字和摆版两个小工序。
（2）垫版　使整个版面保持平整。
（3）校改　印版垫平后先印一张，进行校对。
（4）印刷　两次套印，先印格纸再印文字。
（5）归类　拆版、还字、贮存。

饾版 / 拱花　彩色套印的最高境界

明万历四十七年（公元 1619 年）至崇祯甲申年（公元 1644 年），胡正言首次采用"饾版"印刷工艺印制《十竹斋画谱》，而《十竹斋笺谱》采用更加精妙的"拱花"工艺印制。

"饾版"采用分版套印方式，"饾版"把彩图每一种颜色分别刻一块版式，然后再依次逐色进行套印。由于它先要雕成一块块的分版，堆砌拼合，类似于饾钉，明代称这种印刷方法为"饾版"印刷。

● 《十竹斋画谱》分为书画谱、竹谱、梅谱、兰谱、石谱、果谱、翎毛谱、墨华谱八种。

● 《十竹斋笺谱》收录图 279 幅（21cm×13.7cm，包背装）。

"拱花"法是使用无色压凸方法，表现形象的脉络及轮廓的技法，画面呈现浅浮雕效果。《十竹斋笺谱》卷二中，"无华"类八帧作品不设色只采用"拱花"法表现形象。"折赠"类八帧作品先用"饾版"印刷，再用"拱花"法表现花卉的立体质感。

明天启六年（公元 1626 年），由漳州人颜继祖请江宁人吴发祥刻印的《萝轩变古笺谱》书中 182 幅彩图，采用"饾版"印刷，有的画面也采用"拱花"。

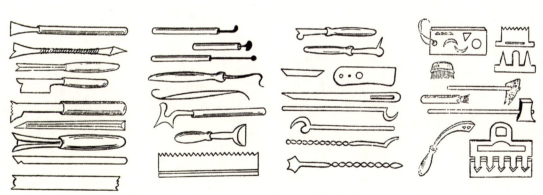

明代徽州雕刻工具

印刷台案分为左右两部分，中间有一个空档，用版夹把宣纸固定在空隙档处，纸张可以任意撩上来，落放下去。印版用膏药固定台案上。各色版的大小都不一样，套色印刷是靠移动印版去迎合纸张，自由移动印版，随意性很大。

木版画的制作程序

刻板　勾描即分版，勾描前先要对绘画作品进行研究，了解作画技巧和用色情况，确定分色版，将每个分色版图像的轮廓描画在很薄的纸上，制成版样纸以供刻版使用。

● 套色版分版法有主版法和分解法。

主版法是表现的形象都用轮廓线刻出来，这个版称为主版，把主版印制下来，再反贴到别的版上，以进行分版分色。

分解法是在描绘画稿时就分解好色版，再转写到版子上，没有轮廓线的主版。

到明代以前，中国的木版画方法多用主版法，清代以后随着中国水墨画渐渐走向写意，利用水印木刻来复制水墨画，更多地运用分解法。

上版

方法一 在板面上涂一层很薄的浆糊，将版样纸反转贴到平整的板面上，用刷子轻拭纸的背面，使图像的轮廓转印到板面上。待干后，用刷子拭去纸屑，可以获得清晰图像的轮廓线。

方法二 用水将板面浸湿，将版样纸反转贴到平整的板面上，施以压力将图像的轮廓转印到板面上，就可以获得图像的轮廓线。

若雕刻精细图像，通常选择方法一。

发刀 在反转图像的轮廓线上刻出细线。

打空 挖去多余的空白部分，使图像部分呈现出凸起，从而制成印版。

● 雕刻时，"刀头具眼，指节通灵"，以刀代笔，运用自如，将艺术家的妙笔神工再现于印版之上。

刷印

固定印版/纸张 印版用膏药固定在台案上，并将纸张固定在台案空隙档处。

上色 用棕刷在凸起的印版部分涂上用水调和的颜料或墨色。

刷印铺上宣纸，用棕皮擦在纸背面刷印，颜色就转移到纸张上。将印件从印版上揭开，落放到台案下，完成印刷过程。

● 用水调和颜料或墨色，涂到印版上，再刷印到纸上，印刷以"由浅到深，由淡到浓"逐色套印，分别为焦、浓、重、淡、轻等不同的色彩层次。

● 彩色套印并不是简单的套印，而是要通过用色的浓淡变化、水分干湿、印版二次上色、刷印的轻重调节、刷印的速度等技艺，再现中国画的神韵。

集彩色雕版套印之大成的《北平笺谱》

民国22年(1933年),由鲁迅和郑振铎主编,荣宝斋新记出版的《北平笺谱》一书,雕刻技艺精湛,笺谱集历代彩色雕版套印之大成。

郑振铎先生在序中对彩色雕版套印作了描述:"刻工实为制笺的重要分子,其重要也许不下于画家,因彩色诗笺,不仅要精刻,而且要就色彩的不同而分刻为若干版片;笔画之有无精神,全靠分版能否得当。画家可以恣意地使用着颜色,刻工则必须仔细地把那么复杂的颜色,分析为四个乃至一二十个单色版片。所以,刻工之好坏,是主宰着制笺的命运的。"

彩色套印表现出芭蕉叶丰富的墨色变化

拱花工艺很好地表现出冰裂纹青瓷瓶、纹饰花瓶和带基座的石雕像的质感

《北平笺谱》收录带有饾版和拱花工艺的版画共八幅。画面表现的内容以器物、山石、树木、花卉、动物为主，采用饾版套印，设色典雅，层次丰富。饾版套印不用线描勾勒图像的轮廓，而是通过呈浅浮雕形式的拱花工艺将图像的轮廓、质感表现出来。

笺谱版画所用的拱花工艺技艺高超，其中一幅中葡萄、茎、叶和松鼠的毛发采用不同的浮雕表现技巧；另外一幅中水仙花的花瓣和根部不设色，只采用拱花工艺表现出花瓣的质感。每幅画面的左下角都印有荣宝字样的印章，有圆有方也有采用拱花形式的，这就成为版画区别于绘画的标志。

以触觉优先的拱花工艺为手法，完美地表现图像的轮廓和质感，这体现了中国彩色雕版高超的表现技巧。

书籍的装订形式

唐代一般的印刷品多是单页出售和使用,称为印纸。

卷子装(卷轴装)

卷轴的装帧形式应用时间最久,它始于周,盛行于隋唐。卷子装由卷、轴、缥、带四个主要部分组成。卷,即纸(帛)卷本身;轴,多为木制的圆棒,略长于卷的宽度,两头露出卷外,以便舒卷,有些讲究的,在木棒两端镶以各种贵重材料(如象牙、金或玉石);缥,是免于卷的头尾磨损,常用绢、罗、绵等物品粘裱在卷的左右两端,也可称它为包首;带,是附粘在缥头上的一种丝织品,作为缚扎用。有时,在一卷轴的下端再系上一小块牌子,书写上书名、卷次作识别用,谓之签。宋代出现册叶装订之后,卷子装只用作书画的装裱形式。

● 唐咸通九年(公元868年)的雕版印刷品《金刚般若波罗蜜经》采用卷轴式装帧。

旋风叶卷子

指其装帧形式似龙鳞一般,它是卷子装的变化方式,粘贴方式很像今天我们粘贴报销车票的样子。

● 现存有北京故宫博物院藏《刊谬补缺切韵》。

经折装(册页装)

源自印度贝叶经的形式,唐朝时只用作书写。

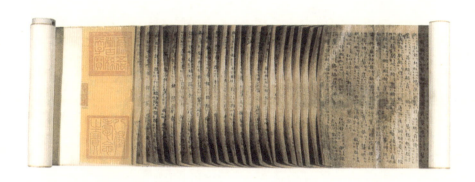

蝴蝶装

北宋时期出现册页装订的最早形式——蝴蝶装（蝶装）。版心向内对折，四周外向，按页配齐，沿书脊撞齐后逐页粘合，粘厚纸为封面，书页翻开时仿佛蝴蝶展翅飞舞。

宋刻书不但内容佳，外表亦美，书法精妙，镌工精良，纸质坚韧，墨色如漆，蝶装黄绫，美观大方，开卷即有墨香、糊香。

包背装

包背装出现于南宋中期，特点是装印好的书页沿中缝的中线处正折，即折好的书页印刷面朝外，折缝为外书口，另一边为订口，用纸捻订牢。此法一直沿用至元、明。

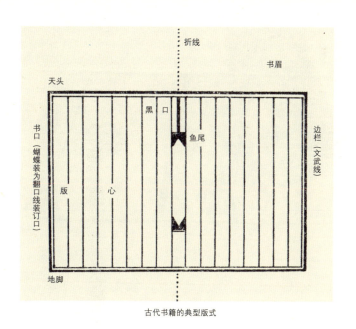

古代书籍的典型版式

古代书籍的扉页

线装

线装是明代兴起的一种新的装订形式。据记载,北宋时曾出现线装书,称为"缝缋"。元代《至元法宝勘同总录》使用,称为"方册"。明正统年间就出现线装书,明万历年间线装工艺已普遍使用。

线装书的装帧精良,"护帐有道、款式古雅、厚薄得宜、折叠端

正、订眼细小、裁切光平者为上品。"

线装书的封皮多用较厚的纸张,或纸上裱以纺织品,有的还用细绢包角;订线有丝线或棉线,多为双线。订孔有四眼或六眼,若书籍开本较大,需增加订孔。

为便于检索,有的书还在书根处(书籍下裁切面)写上书名和册数,卷次最后一册有"止"字的异体字。

线装书的装订步骤

(1)印完的页子先经对折(折叠时要以中缝为准);

(2)再依页序配齐;

(3)撞齐后先用孔绳穿订固定书芯,用快刀裁齐;

(4)覆上封皮后打眼穿线订成一册。

线装书为阅读方便翻页,一般不宜太厚,因此一部分较厚的书往往要分卷订为多册。把一部书的多册包装在一起,往往采用函套、书盒或夹板几种形式。

函套是精装书籍最常用的装帧形式，它在厚纸板表面装裱上纺织材料，将一部书包装在一起，用书别子固定，并露出书籍的上下切口。

更讲究的精装书籍采用书盒形式，书盒多为木板制成，将一部书装在盒内保存。

梵夹装是选上下与书籍尺寸相同的木板，用丝带相连，将一部书夹在中间，主要用于佛教经书的装帧。

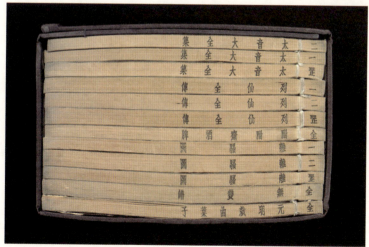

约翰·谷登堡与现代印刷术

约翰·谷登堡（Johannes Gutenberg，约 1394~1468 年），德国印刷商，欧洲活字印刷术发明者。

1438 年研究活版印刷术，秘密制作金属活字。1448 年改进自己发明研制的字模，浇铸铅合金活字。从 1450 年起，谷登堡与 J·富斯特合伙经营印刷所，印制出精致华美的《三十六行圣经》。1455 年印刷出版《四十二行圣经》。1457 年欧洲第一部有版权的印刷书问世。

谷登堡印制的图书有《圣经诗篇》、《三十六行圣经》、《四十二行圣经》、《万灵药》等。

谷登堡的铅合金活字印刷术：

■ 采用铅、锑、锡的合金材料做活字，此成分的配制一直沿用至今。

■ 在制字工艺上，谷登堡发明冲压字模，使用铸字的字盒和铜字模，此法便于严格控制活字规格，方便大量地铸字。

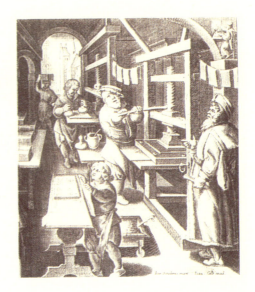

■ 谷登堡创造了适于金属活字印刷的脂肪性油墨，代替了以往的水性墨，提高了印迹的清晰度。

■ 谷登堡用压葡萄汁机改制成螺旋式手扳木质印书机，将过去的"刷印"方式改进为"压印"方式，手扳木质印书机成为现代印刷机的雏形。

因此，谷登堡被现代各国的学者公认为现代印刷术的创始人。

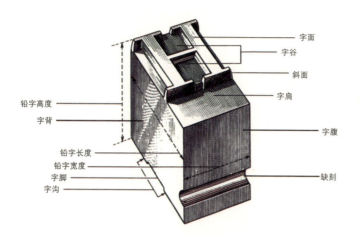

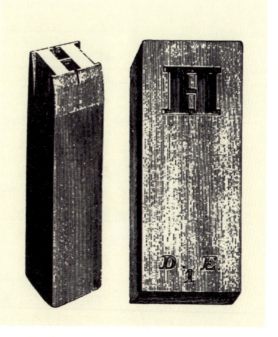

原稿以正片的色彩还原最好

印刷的影像时代

由于影像技术趋于成熟,照相制版、照相分色、照相植字、显影、拼版、晒版等技术广泛应用在印前技术中,连续调的图像和自由的版面编排都能通过印刷方式很好地呈现出来。影像技术在印刷中的广泛应用,标志着印刷媒体真正步入工业时代。

照相制版

照相制版工作流程:
固定原稿→调节光源→调节相机的光圈、焦距、曝光速度→调节缩放倍率→放置感光片→加网屏→曝光→显影→定影→烘干→拼版→晒阳片→显影→定影→烘干

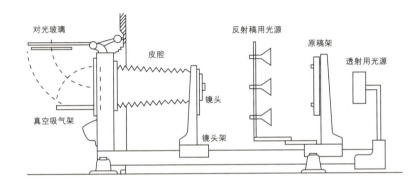

■ 原稿
拍摄的原稿分为反射稿和透射稿两大类。

■ 网屏
网屏制有精密网线的透明片,是照相加网必不可缺的媒介体。网屏的网线疏密和形状,决定软片底版的精度和网点的形状。

■ 制版专用照相机
照相机有立式、吊式和卧式三种形式。
照相机由滤色镜、镜头、暗箱、感光版架构成,另外配有轨道、光源和原稿架。

■ 照相感光片
照相感光片由保护层、乳剂层、片基和防光晕层构成。
照相感光片的成像性能包括感光度、密度、反差系数、宽容度、锐度、感色性等。

阳片

阴片

■ 光色的分解与油墨色的合成

彩色印刷的制版和印刷过程实质是对色彩的再现过程。色彩的再现过程也就是光色的"分解"和油墨色的"合成"过程。

按照光学原理，彩色画面上的颜色，都是三原色光以一定比例反射光形成的。印刷色彩就是利用R、G、B三种滤色镜分解色光的原理获得的。色彩的分解为了再现原稿上的印刷色彩，首先要利用照相分色。

当白光照射到原稿上时，原稿上会反射或透射出红（R）、绿（G）、蓝（B）三色光。照相机镜头加罩蓝色滤色镜时，只有蓝光透过蓝滤色镜，并使全色感光片感光。通过对感光片的显影冲洗加工，便得到一张蓝光补色的黑白阴片，我们称这张阴片为黄（Y）版阴片（也称黄阴图原版）。再分别加罩红（R）或者绿（G）滤色片，就可以得到青（C）版阴片或者品红（M）版阴片。

按色彩减法叠加法黄（Y）、品红（M）和青（C）三原色相加为黑，但事实上，由于纸张、油墨和网点不能完全呈现色彩，三原色版叠合印刷后往往得不到理想的黑色。因此，还需加一个黑版（K）以弥补不足。如果同时加罩红（R）、绿（G）、蓝（B）三色光的滤色镜，只有白色光可以通过，这样就可以得到黑版（K）阴图片。

■ 加网

照相分色的同时，还要通过网屏为分色软片加网。四色网点印刷时是相互叠加的，为防止出现撞网（龟纹），加网按照各色相差30°原则为宜，由于90°网线的视知觉较弱，定为黄版； 45°网线的视知觉最强，定为黑版；青版定为15°，品红版定为75°。

■ 照相植字

照相植字也称照排字，照相排字机上有特制的玻璃字模版，从中选取文字或符号，进行曝光照相，在相纸或感光软片上显示文字的影像。

照相植字有几十种字体可供选择。照排字的大小依靠变换不同的镜头来获得。文字可以拉长、压扁和倾斜。

照相排字机具有字距控制、行距变换、表格设置等功能。

■ 晒阳片

将拍摄好的阴片和分色阴片通过晒版，分别拷贝加工，便可得到相应的阳片。

■ 拼版/修版

将阳片、分色阳片与照相植字感光软片按照印刷要求进行拼版，并将拼版线、裁切线、出血线以及测试数据一同拼入版中。由于底版使用经过感光拍摄、显影和晒阳片许多工序的软片，底版上会出现脏点、划痕、飞白，需要对底版进行修整。

通过打样机对印刷品进行打样，可以检验制版质量，并且还原印刷效果。打样机可以制作四色和专色的打样稿

■ PS版

PS版是英文"Presen sitized Plate"的缩写，也就是预涂感光版的意思，1950年，由美国3M公司首先开发。

PS版是一种预涂感光版，感光版由经过干燥处理的重氮化合物构成。PS版由亲油层（感光层）、亲水层、阳极氧化层以及铝版基组成。PS版用作为胶印的印版。

PS版分为"光聚合型"和"光分解型"两种。光分解型阳图原版应用最为普遍。

光分解型用阳图原版晒版，非图文部分的重氮化合物见光分解，被显影液溶解除去，留在版上的仍然是没有见光的重氮化合物。

PS版的亲油部分是重氮感光树脂，是良好的亲油疏水膜，油墨很容易在上面铺展，而水却很难在上面铺展。重氮感光树脂还有良好的耐磨性和耐酸性。若经过高温烘烤，可提高印版的硬度和耐印率。

PS版的亲水部分是三氧化二铝薄膜，亲水性、耐磨性、化学稳定性都比较好，因而印版的耐印率也比较高。

PS版的分辨率高，网点光洁完整，色调再现性好，图像清晰度高，水、墨分离效果好。

■ 晒版

将拼好版的底版覆盖在PS版上，放置到晒版机上，抽真空底版与PS版紧贴，开启紫外线灯曝光。由于底版有不透明和透明两部分，紫外光照射过的PS版产生固化，再经过显影处理，PS版就制成带有亲水和亲墨的印版。

印刷的数字时代

印刷的数字技术首先应用于印前技术方面。

1985 年 Apple 公司首先推出 Macintosh 系列电脑,并出品能够输出高清晰度画质的激光打印机;

Aldus 公司开发了排版软件 PageMaker1.0;

Adobe 公司推出专业化排版用 Post Script 页面描述语言。

1986 年,以文字编排及版面编排语言为主体的桌面出版系统 DTP(Desktop Publishing)正式出现,它标志着印刷的数字时代已经到来。

经过近 20 年的发展,如今桌面出版系统已经成为图文输入、图文制作、版面编排、图文输出以及网络传送的数字一体化技术。

DTP 输入方式

■ 文字信息的输入

键盘输入 是利用电脑键盘将文字、标点、符号进行数字化输入的方式。键盘输入分为字形输入和字音输入。

文字自动识别输入(OCR) 首先利用平板扫描仪对打印或者印刷的文字进行位图模式扫描,可以获得文字的位图模式图像,再利用文字自动识别软件对数字图像进行自动识别,从而使位图文字转化为曲线文字符号的方式。

● 平板扫描仪设置为位图模式,分辨率设定为 300dpi,文件储存为 TIF 格式,图像缩放比例在 100%～200% 之间。

语音输入 通过语音方式输入,再经过语音识别系统的接收、分辨、识别,转换数字化文字符号的方式。

文本的处理和储存方式

位图文字和曲线轮廓是计算机字体的两大分类。

Microsoft Word 是 PC 机主要文本的处理软件,Word 具有文本输入、编辑、校对、字数统计等功能。一般将文档储存为具有广泛兼容性的纯文本模式(.txt)。

Simple Text 是 Mac 机主要文本的输入软件。

计算机都配有字库,字库中包括很多中英文字体。

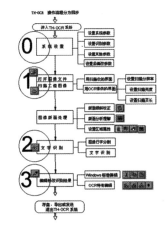

■ 图像信息的输入

数码相机

传统的相机是通过底片感光获取图像，而数码相机是通过影像传感器（CCD）获取图像，并使用 Compact Flash 卡储存数字信息，记录格式有 JPG/RAW/TIF。专业数码相机的有效像素可以达到 2200 万，CCD 尺寸为 4cm×5.5cm，可以获得精度为 300dpi，并且尺寸超过 A3 幅面时，专业数码相机拍摄的图像完全可以达到印刷要求。

数码相机采用 Adode RGB 色彩空间的模式，具有极高的分辨率和真实的色彩还原性能。

数码相机拍摄的图像所见即所得，可以通过低温多晶硅彩色液晶显示器（LCD）预览图像的效果。

数码相机内部设置有白平衡（White Balance）调节功能。物体颜色会因投射光线颜色产生改变，在不同光线的场合下拍摄出的照片会有不同的色温，白平衡就是无论环境光线如何，让数码相机能认出白色，而平衡其他颜色在有色光线下的色调。数码相机提供白平衡调节功能，可以调节日光、阴天、白炽灯、荧光灯、闪光灯等不同光线下的白平衡。

扫描仪

（1）平板扫描仪　是数字输入方式中最普及的输入设备。使用时将被扫描的原稿平放在扫描仪的玻璃面板上，通过光源及 CCD 光学感应器的移动，将光线照射在原稿上，再由原稿将光线反射后，由聚光透镜聚集反光线来驱动感应器，使用感应器产生大小不同的电流，而转换成不同的数字信息。

平板扫描仪有不同色阶的扫描模式，扫描仪的色彩选项有位图、灰度、RGB、CMYK 等模式。平板扫描仪设置有印刷品扫描去网功能。

色彩深度决定扫描仪分辨色彩的能力，它是扫描仪所记录的色彩位数，色彩位数越大，捕捉的色彩细节越多。通常平板扫描仪色彩深度值为 24 位或者为 64 位。

（2）底片扫描仪　主要就是扫描各种透射底片，扫描幅面为 135 或 120 正片，专业级产品扫描仪光学分辨率最低也在 4000dpi 以上，色彩深度值为 64 位。

电子分色机

电子分色又称电子扫描分色。电子分色机是利用滤色镜分色的，运用电子扫描方式将原稿的光信号转化为数字信号并传送到控制系统。控制系统可以进行适当的色彩调节。

电子分色是将原稿图像转化为四色印刷数字模式的最佳方式。

电子分色分解出来的图像色彩更准确，感光均匀、解像力高、清晰度好。

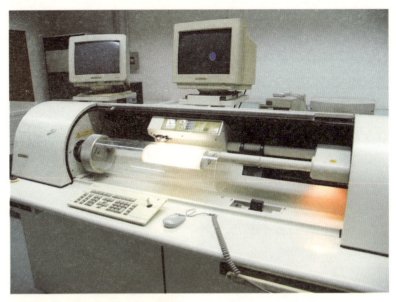

电子分色机可以对透射底片、照片、印刷品、图文原稿等不同的原稿进行分色。原稿的幅面尺寸最大可达到4开左右

光盘图库（Photo-CD）

图片公司为方便设计需要而制作的光盘图库包括像素图像图库、矢量图库和材质图库。

DTP 制作及处理

■ 计算机主机

计算机主机由主板、中央处理器（CPU）、内存、显卡、硬盘驱动器及显示器、鼠标、键盘、光驱、网卡等组成。

Mac 机和 PC 机

Mac 机发展之初就是为印前技术设计的。国际上通常采用 Mac 机完成设计到印前电子文件的制作。Mac 机具备稳定的性能、准确的色彩显示。Mac 机运行 MacOS 操作系统，Mac 机的中央处理器（CPU）为 Motorala 公司生产的 Power Pc G5。

PC 机更具广泛的兼容性，运行 Windows 操作系统，PC 机的 CPU 为 Intel 公司生产的 Pentium4 系列和 AMD 公司生产 Athlon 系列。

■ 桌面出版系统常用软件

Mac 机和 PC 机都能用来制作电子文件，两种系统都有可以运行印前作业所需要的相关图文制作软件。

图像处理软件　进行连续调图像的制作、图像的处理、修图、色彩模式的转换、色彩的调节。图像处理软件制作的是点阵式图像文件。点阵式图像的画质与数字文件设定的大小有关。数字文件在缩小或维持等比尺寸的时候，才可以保持数字文件品质，如果放大图像超过了容许值，会因为解析度降低，而使图像产生锯齿状或者模糊影像。以数码相机所拍摄、电脑软件直接建立、光碟图库、扫描分色等产生的图像，称为点阵式图像或数位影像。应用软件有 Adobe Photoshop、Corel Painter。

图形处理软件　用于矢量图像的制作、文字输入、版面编排、图表制作等。矢量图像的特点是可以任意缩放比例，而图像的精度不受影响，并且矢量图像所占的储存空间非常小。

图形处理软件可以置入或者连接像素图像，并且矢量图像可以转化为像素图像。图形处理软件的文字可以转为曲线，从而可以确保输出文件时的稳定性，CTP 制版普遍采用图形处理软件进行印前完稿制作。应用软件有 Adobe Illustrator、Corel DRAW 等。

排版软件　主要用于多页的版面编排、排版组页、图文整合。应用软件有 Adobe Page Maker、Adobe In Design、Adobe Reader、Quark X Press。

其他应用软件　3D MAX、AutoCAD。

使用 Adobe Illustrator 软件绘制的矢量插图

DTP 的输出

彩色桌面出版系统生成最终产品需要通过输出环节。

■ 激光照排

输出设备由高精度的激光照排机和光栅图像处理器（RIP）两部分组成。

激光照排机 利用激光，将光束聚集成光点，打到感光材料上使其感光，经显影后成为黑白底片。

按照成像原理激光照排机可分为：绞盘式照排机和滚筒式照排机。滚筒式照排机根据曝光方式的不同分为外滚筒式照排机和内滚筒式照排机。内滚筒式照排机由于性能稳定、精确度高，已成为主要的应用机型。

RIP 接受 PostScript（PS）语言的版面，PostScript 是一个页面描述语言，由 Adobe 公司开发，现被市场广泛接受，并成为印刷业的通用语言。DTP 制作的所有电子文件都会以 PS 文件的形式到 RIP 上进行解释，并将其转换成加网图像，然后再由照排机输出。

打印机

彩色桌面出版系统的输出设备还有各种打印机，主要为黑白和彩色打印机。黑白打印机是作图文校对稿输出，彩色打印机是作彩色效果稿的输出，打印机的机型有激光打印机、喷墨打印机、热升华打印机。

数字信息储存的方式

重要的数字信息资料要备份,制作完成的电子文件需要保留,这就需要数字信息的储存。数字信息的储存方式很多。

磁介质储存方式　硬盘(容量可以达到200GB)、移动硬盘。

磁带备份储存方式　DLT数码线型磁带(容量可以达到10~80GB)。

闪存盘储存方式　Compact Flash 储存卡、MP3、优盘、ROM 随机只读储存卡。

光储存方式　有CD-R/RW、DVD-R/RW两种方式。CD-R小型可写光盘(容量可以达到700MB),CD-RW可以反复擦写。DVD-R光盘(双面刻录,容量可以达到8.1GB)、DVD-RAW和DVD-RW可以重写数千次。

磁带备份储存

数字信息的压缩技术

使用压缩软件可以压缩电子文件的储存空间。

(1) PDF(Portable Document Format,可携带文件档案),适合电子传输的压缩技术,是一种由美国Adobe公司开发,不拘于电脑的机种均可浏览的文件格式。还允许在没有原始创建软件和字体的计算机上进行输出打印。通过压缩图文,优化了文件的储存量。经过压缩,PDF文件大小只是原文件的1/3,并保持原文件的格式,属于无损压缩形式。

可以使用PDF Maker(PC)或者PDF Writer(Mac OS / PC)生成PDF文件,常用的软件都可以储存或者输出PDF格式的文件。

(2) 通用的压缩文件包有RAR或者ZIP两种格式。

(3) Adobe Photoshop和ACDSee软件都具有图像文件,有TIF和JPG压缩格式功能。

网络的电子文件传送

网络传送使用的通信设备是调制解调器(Modem),可以通过Internet进行电子文件的传送,ADSL宽带传输速度可达到8MB,光线专线宽带传输速度可达到100MB。通常国际上采用文件传输协议(FTP)传送电子文件,FTP的任务是将电子文件从一台计算机传送到另一台计算机。

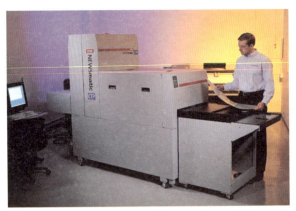

数字打样技术

数字打样设备可以直接输出打样,用于校对电子文件的图文页面质量,为正式印刷提供参考样张。

数字打样技术具备双面打样,并带有准确的前后定位。有些数字打样机可以打印四色、金属色和白色效果的样张,这为包装印刷提供了良好的参照。

CTP 直接制版

计算机直接制版技术 CTP(Computer to Plate)。数字拼版文件发送到计算机 RIP 中,RIP 把电子文件发送到制版机上,制版机上装有专用的数字版材,采用激光将数字数据直接曝光于版材上制成印版。CTP 直接制版技术改变了传统制版由菲林片到 PS 版的影像传递方式。

CTP 直接制版的特点:

(1) CTP 系统直接用印版输出机把图文信息复制在印版上,该技术制作的印版质量很高,可再现 1%~99%的网点,从而能够更好地还原色彩及层次,可以印刷高质量的印刷品。

(2) CTP 直接制版技术避免了传统晒版过程的不必要损失。

(3) CTP 制版只需要 2~5 分钟,可以节省大量制版时间。

(4) CTP 直接制版要与数字打样技术相结合,制版之前必须数字打样,进行色彩校正和文字校对,从而减少出现错误的几率。

数字印刷

数字印刷是将计算机和印刷机连接在一起,不需单独制版设备,将数字文件直接制成印刷成品的过程。

数字印刷的主要特征:

(1)从数字文件到直接制成印刷成品的生产模式,完全改变了制版、装版、放量印刷等工业化印刷的生产模式,真正实现按照需求安排印刷生产。

(2)印刷生产的周期也越来越短。省掉很多中间环节,数字文件可以通过网络传输,下载后直接快速印刷。

(3)数字印刷能够满足个性化和可变数据印刷的需求。活动用请柬、会议用文件、饭店的各种菜谱、展览会的样本、彩色名片、获奖证书、个人的相册等都非常适合用彩色数字印刷方式印刷。

(4)数字印刷具有更加稳定的质量和简捷的操作方式。使用一体化数字操作方式、简单的设定就可以带来稳定的印刷质量。

印刷工艺

凸版印刷工艺

凸版印刷简称凸印,利用凸起部分为印版的印刷方式。由于以前使用铅合金为版材,所以又称铅印。

铅活字版印刷制作过程:
铸字—拣字—拼版—打样校对—制纸版—拼版—上版—印刷

由于传统的凸版印刷工艺逐渐被其他印刷方式所取代,凸版印刷设备的使用功能转为烫金、凹凸压印、模切的印后设备。

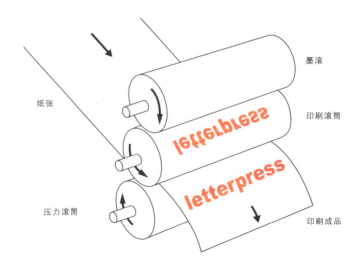

凸版印刷的方式主要有木刻雕版印刷、铅活字版印刷和感光树脂版印刷。现代工业化的凸版印刷以感光树脂版印刷为主。

感光树脂版印刷制作过程：
输出菲林阴片—制作感光树脂版—上版—印刷

感光树脂版印刷原理和特点：
感光树脂版印刷的设备与胶印基本相似，只是没有供水系统。凸版印版上的图文均为反像，图文部分与空白部分不在一个平面上。印刷时，让墨辊滚过印版表面，使凸起的部分均匀地沾上墨层，承印物通过印版时，经过压印辊加压，印版附着的油墨便被转印到承印物的表面，从而获得印迹清晰的正像图文印刷品。

凸版印刷形式非常适宜印刷幅面小的产品。主要印制小包装盒、卷筒形不干胶标贴、吊牌、卡片、票证、账册、报表等。凸版印刷还应用于铝材和马口铁的印刷。

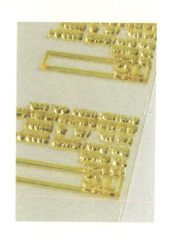

感光树脂版是20世纪50年代出现的新型印版。感光树脂版与照相感光片、照相排字技术相结合制版，提高了凸版制版工艺。感光树脂版是利用感光性树脂，在紫外光的照射下，迅速发生光聚合和光交联反应，生成不溶于水的网状结构高分子聚合物（图文凸起部分），未感光部分溶水形成空白凹下部分，从而制成印版

感光树脂版主要使用固体硬化型的制版方式，印版质量较高、制版工艺简单，但成本较高。感光树脂版除了能制作块面及线条的图版外，还能制作彩色连续调印版

凹版印刷工艺

凹版印刷简称凹印,源于铜版画制作工艺。现存最早的铜版画是1430年的作品,欧洲文艺复兴时期德国画家丢勒就制作铜版画,作品具有高超的表现技巧。

现代照相凹印技术的创业人是卡尔·克利希。

过去凹版印刷工艺采用手工制版,主要用于铜版画、书籍插图、纸币、邮票的印刷。

随着印刷技术的发展和凹版工艺的革新,凹版印刷在包装印刷,尤其是塑料薄膜印刷的生产中起着越来越重要的作用。

凹版印刷的印版图文部分低于印版表面。印刷时,滚筒式的印版从油墨槽里滚过,使整个印版粘满油墨,经过刮墨刀将印版表面的油墨刮净,使油墨保留在凹陷处,再经过压印滚筒的压印,将油墨压印到承印物的表面,从而得到图文印迹。

凹版印刷按制版方式分为雕刻凹版、蚀刻凹版、照相凹版。

凹版印刷的制版分为手工雕刻版、机械雕刻版、照相制版和电子雕刻制版。

凹版印刷有单张纸和卷筒纸两种印刷机。

由于印版上印刷部分下凹的深浅，产生色彩浓淡不同的变化，因此凹版印刷是常规印刷中唯一可用油墨层厚薄表示色彩浓淡的印刷方式。

凹版印刷的印迹厚实、色彩饱满、图像层次丰富、印版耐印力高，主要用于塑料薄膜、金箔纸等承印物上的包装印刷。

凹印墨迹较厚，印刷速度较快，所以油墨采用极易挥发的溶剂性油墨，另外，采用红外线加热干燥装置，提高印件的干燥速度。

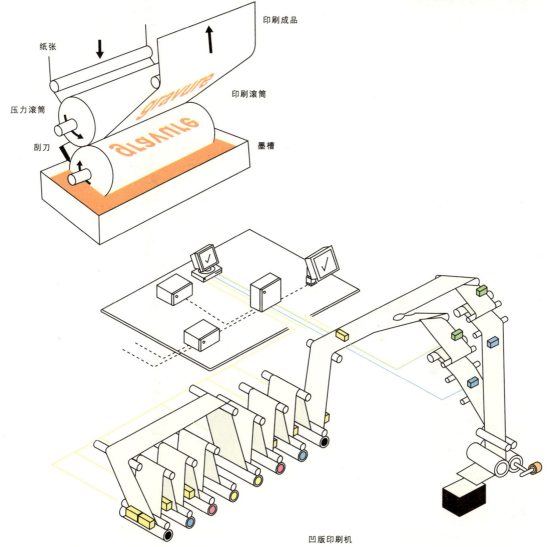

凹版印刷机

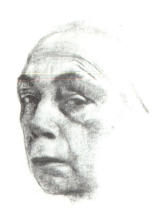

胶印工艺

胶印工艺源于石版印刷术。石版印刷简称石印，1796 年德国人塞纳菲尔德发明了石版印刷术，并于 1797 年设计了木质石印架作为石版印刷机。

石版印刷采用石灰石作为版材，版材具有多孔性、善吸水、质地细密的特点。

石版印刷利用脂肪性的转写墨直接在石版上描绘比较精细的图文，然后用水润湿石版面，上墨，再通过石版印刷机将图文直接压印到纸上。

19 世纪石版印刷术传到法国，一些画家接触到这一新的印刷技术，开始使用石版印刷术制作版画，逐渐形成了石版画艺术。

1905 年，美国人威廉·罗培尔发明了间接平版印刷，开始使用带有橡皮布的滚筒印刷，是对平版印刷的革新。

胶印的印版不同于凸版印刷和凹版印刷，胶印的印版几乎处在同一平面上，由亲水层和亲油层组成，采用油水相拒的原理进行印刷。印版不直接接触承印材料，印刷时印版先印到橡胶滚上，然后再转印到承印物上。

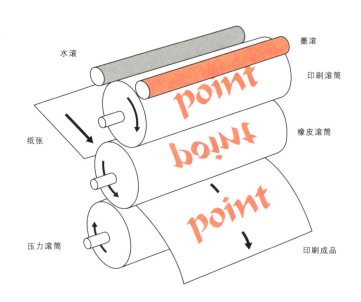

胶印特点：
(1) 印刷工艺成熟，印刷周期短。
(2) 制版工艺简单，迅速快捷。
(3) 印刷成本低廉。
(4) 广泛应用在纸张印刷方面。
(5) 可以获得色彩层次丰富的印刷品。

胶印设备种类很多，按印色可分为单色机和多色机；按印面可分为单面和双面印刷机；按印刷的纸材可分为单张和卷筒印刷机；按印刷的开度可分为全开、对开、四开和八开印刷机。

胶印的工序包括给纸、润湿、供墨、印刷、收纸五个部分。
润湿　印版表面通过酒精润版，使亲水部分形成亲水性能。
供墨　将印版表面的亲油图文部分滚上油墨形成亲油性能。
印刷　将印版上的阳图正像转印到橡皮布滚筒上，形成阴图反像，再经过压印滚筒将橡胶布上的阴图反像压印到承印材料上，形成阳图正像印件。

胶印适用于纸张印刷，在书籍、杂志、海报、包装等印刷中广泛应用。马口铁也采用胶印印刷方式。

丝网印刷工艺

丝网印刷简名丝印，是以网框为支撑，以丝网为版基，再根据所印刷的图像要求，在丝网版表面制作遮挡层，通过刮板施力将油墨从丝网版的孔洞中挤压到承印物上，从而获得印刷品的工艺。丝网印刷是应用十分广泛的网版印刷工艺。

丝网印刷的特点

丝网印刷的印迹比胶印、凸印、凹印等印刷方式的印迹更厚实。丝网印刷的印迹墨层厚度可接近1mm，使用防紫外线油墨的丝网印刷品可以在户外较长时间放置。

丝网的网版具有极广泛的印刷范围，能在平滑、柔软、粗糙、曲面等各种不同的物体表面完成印刷。

丝网印刷机机型很多，有单色、多色的机型，手动、自动的机型，还有平面丝网印刷机、曲面丝网印刷机和轮转丝网印刷机等多种机型。

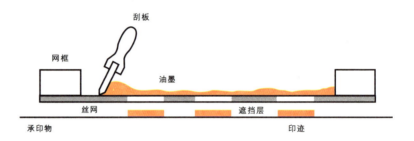

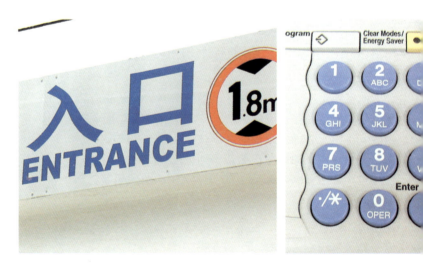

丝网印刷应用广泛

- 道路导向标志、标牌。
- 遮阳篷、遮阳伞、旗帜、条幅。
- 灯箱广告、大幅户外广告、充气模广告。
- 海报、版画艺术作品。
- 印刷品 UV 上光、CD 光盘。
- 产品界面、电路板、仪表表盘。
- 颜料、涂料等产品实样样本、包装箱、包装纸、不干胶。
- 软塑料、硬塑料、玻璃、陶瓷、橡胶、金属、皮革、木材。
- 装修、装饰材料、贴面材料。
- 棉、麻、丝等天然植物纤维、化纤织物、热转印材料、植绒材料、发泡材料。

可变的印刷幅面

丝网印刷承印材料尺寸具有可调节性，印刷幅面可根据实际要求自由设定。

丝网印刷使用的油墨

丝网印刷可选择的油墨范围较广，有油性油墨、水性油墨、树脂油墨、荧光墨、热敏油墨、香味油墨、UV 墨等多种。丝网印刷的油墨可以产生的视觉效果很多，可根据设计要求选择相应的油墨。丝网印刷所用的油墨与普通油墨相比，黏度小、易游离。因此，丝网油墨干燥得较慢。

UV 上光效果

印后工艺

印后工艺的流程首先是起到保护作用和产生视觉效果的上光工艺、覆膜工艺,然后是产生艺术效果的烫金工艺、凹凸压印工艺,最后是立体成型的模切压痕工艺。

上光工艺

上光是在印刷品的表面涂布一层无色透明的涂料,使印刷品表面罩上一层光亮层的工艺。它可以提高表面的光泽和色彩的纯度,并且可以增加印刷品表面的耐磨性。

上光工艺由于具有环保性能,生产工艺简单,成本低廉,广泛应用于印后处理技术中。上光分为局部上光和整体上光两种形式。局部上光需要专门制作图文的版;整体上光采用印刷品整体涂布的方式。

上光主要有水性上光、UV 上光。

■ 水性上光

水性上光油以功能性高光合成树脂和高分子乳剂为主剂,以水为溶剂。水性上光油属于环保材料,尤其适合食品、医药、烟草等卫生和安全要求比较高的印后工艺使用。

水性上光油具有干燥迅速、透明度高、不变色、耐磨性好的特性。水性上光油涂布之后的成品平整度好、膜面光滑。水性上光可以局部上光,也可以整体涂布上光,并且适应模切、烫印等其他的印后工艺。

■ UV 上光

UV上光油是一种添加光固化剂的树脂。UV 上光油采用紫外光固化方式干燥。UV上光油有很多品种,并且可以产生不同的肌理效果。

UV 上光属于局部上光的工艺,可以增强图文表面光泽度,涂层可以通过厚薄调节产生效果不同的立体感。上光部分需要制作专门的印版。

UV 上光油有无色、透明、不变色、光泽度高、固化速度快、黏着力强的特性,此外还具备良好的耐磨性、耐化学性、抗紫外线照射等性能。

覆膜工艺

覆膜工艺指印刷品的纸塑复合工艺,即将粘合剂涂布于经电晕处理过的透明塑料薄膜表面,再与印刷品热压复合,形成纸塑复合印刷品的加工技术。塑料薄膜分为高光和亚光两种。高光塑料薄膜可以使色彩的纯度提高,亚光塑料薄膜可以使色彩变灰、变暗。

覆膜工艺可以起到增加印刷品的色泽、防护和牢固等作用。广泛用于包装以及书籍、杂志和样本的封面。

由于覆膜采用的是塑料薄膜,不可降解,难以回收利用,并且容易对环境造成污染,考虑环保的影响,覆膜工艺的应用会越来越少。

烫金工艺

烫金是电化铝的烫印。电化铝有热溶胶层;烫金的印版有锌凸版和铜凸版。压印时印版被电热板加热,通过热压的方式将电化铝烫印到承印物上。

电化铝具有化学性质稳定、烫印牢固、覆盖力强、不褪色的特点。适合在纸张、塑料、皮革、木材、漆布等材料上进行烫印加工。

烫金工艺可以增加印刷品的光泽及典雅的装饰效果。广泛应用于书籍封面、包装、贺卡、请柬的印后工艺。

由于工艺的局限性,烫金工艺只适宜烫印块面形、粗线条的图文。凹凸不平的纸张烫印效果不好。

凹凸压印工艺

凹凸压印工艺是利用凹凸版在质量较好的胶版纸、卡纸或纸板上压印，使其中主要图文轮廓或底纹呈现明显突出凹凸立体感的工艺方法。

凹凸压印工艺需要制一套版，即凹凸印版和凸凹模版，再运用压印机完成凹、凸压印。

凹凸压印工艺流程包括：

制凹凸印版—装版—翻制凸凹模版—压印

凹凸印版有腐蚀法和电子雕刻法两种制作方式，版材有铜版、钢版或锌版。

翻制凹凸模版：把石膏浆铺在压印平板上，用凹凸版压印出石膏凹凸面模版。

模切压痕工艺

一般呈方形的承印物，直接通过裁切机裁切。如果是异形、弧形、开窗、折线就必须采用模切压痕工艺。

模切压痕工艺是通过对承印物模切和压痕，使印刷品边缘呈现各种形状或者压出折痕。

模切版由钢线、钢刀、起缓冲作用的弹性海绵和固定钢线、钢刀的胶合板（精细地使用胶木板）构成。

模切压痕工艺流程为：
设计—排刀—模切—整理—成品

压钢线主要有三种：
钢线用于压印纸盒、纸张上折痕。
钢刀用于裁切印件的各种异形边线。
点刀用于纸盒包装、纸张、票据等便于撕拉处的撕米线。

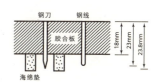

印刷与色彩

RGB 光色模式，CMYK 印刷色彩模式，印刷专色，纸张及承印材料表面的色彩都是印刷研究的色彩。

RGB 光色

因为有光的存在，人们才能知觉到万物的色彩。

1666 年，牛顿用三棱镜作了光的分解和合成的观察实验，太阳光分解的可见光谱由红、橙、黄、绿、青、蓝和紫色相组成。

光是一种电磁波，波长在 380nm 以下的是紫外线，它使物体变色，可以产生光化作用使感光材料感光；波长在 780nm 以上的是红外线，它使物体温度升高，可以烘干、干燥油墨；光波在电磁波的中心，波长位于 380～780nm 之间的为可见光谱。

电磁波有振幅和波长两个属性。振幅的大小决定光的强弱、色彩的明暗变化；波长长短造成色相的区别。

在可见光谱中，长波长是红色（Red），中波长是绿色（Green），短波长是蓝色（Blue），红、绿、蓝三色光相互混合可以得到人眼知觉的所有色彩。

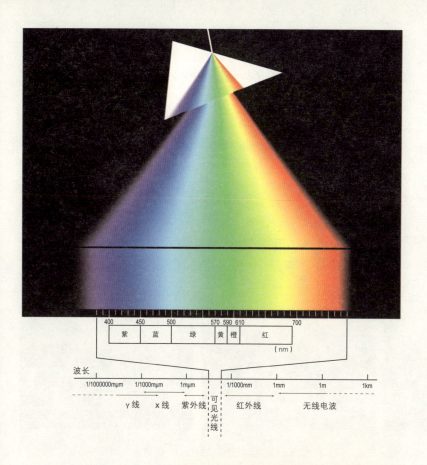

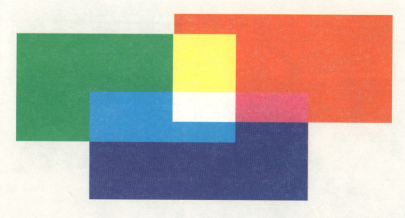

● 电脑显示器、数码投影仪以及数字输入设备数码相机、扫描仪都是利用RGB光色模式

红、绿、蓝三色光等量相加产生白色。蓝和绿色光重叠的部位是青色，蓝和红色光的重叠之处是品红色，绿和红色光重叠处是黄色。

RGB 色彩的示意

■ 数码相机、扫描仪输入的图像都是 RGB 模式的。图像处理的功能只能在 RGB 模式中转换，如可以作黑白或彩色图像的反像处理。

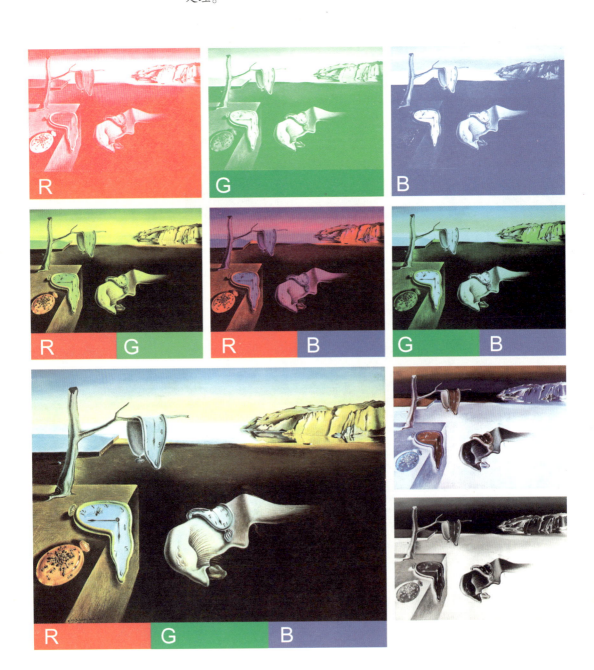

明度与饱和度　　　　　　　　　　　　　　　　　　色相

HBS 色彩的属性

色相 H（Hue）、明度 B（Brightness）和饱和度 S（Saturation）构成了色彩的三个基本属性，利用色彩的三个属性可以掌握色彩的变化规律。

色相　色彩的相貌。由于波长的变化，人们可以知觉到不同的色彩，原色有红、黄、蓝以及间色橙、绿、紫，它们是确定色调的基础。

明度　色彩的明暗程度。指位于白与黑之间广泛的色彩区域内的色彩明暗变化。

饱和度　色彩的纯度。即指颜色中含有多少灰度。

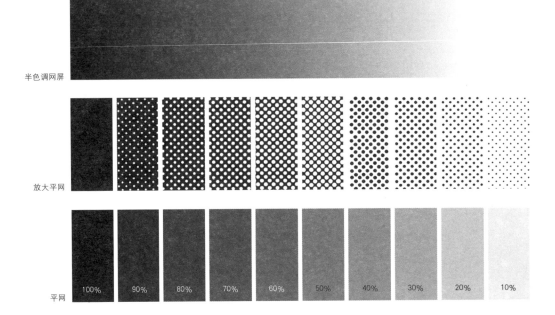

半色调网屏

放大平网

平网 100% 90% 80% 70% 60% 50% 40% 30% 20% 10%

印刷的网屏

网屏 就是用无数有规律的小点组成的平面，通过网点的大小和疏密表现色彩的层次。

平网 由大小相等、均匀的网点所构成的网屏，可以有1%～100%深浅的变化。菲林晒版中，一些细小的网点不能呈现在PS版上，造成一些细微的色彩无法呈现。而先进的CTP直接制版方式可以基本保留细微的色彩。

阶调层次 为表现连续调图像的层次，菲林软片是通过网点构成的半调网屏再现图像的深浅层次和色彩的。印刷以白纸为基础，四色油墨叠加混合产生色彩的深浅层次。网点越大，所呈现出的密度也越高，白色放射少，颜色深；网点越小，所呈现出的密度也就越低，白色放射多，颜色浅；网点密度变化形成连续的渐变效果，这是由于色彩的空间混合与人眼的视知觉感应形成的。

网屏线数 单位长度内，所容纳的相邻中心连线的数目叫做网屏线数。网屏线数越高，单位面积内容纳的网点个数越多，阶调再现越好。常用的网屏线数与印刷形式有密切关系，丝网印刷30～100线/英寸，报纸120线/英寸，书籍和杂志175～200线/英寸。

CMYK 印刷色彩

依照色彩学的原理，青(Cyan)、品红(Magenta)、黄(Yellow) 三原色相叠加就可以产生丰富的色彩，但由于承印材料的表面质感、油墨的透明性、色彩的混合、光线的漫反射等诸多因素，三原色不能完全还原灰、黑层次，需要再加入黑(Black)版的叠加混合。

■ 灰平衡

色彩三原色的一个原色与另外两个原色相互混合的间色是互补色关系，互补色再相互混合就产生灰色。在CMYK四色印刷中，C（青）、M（品红）、Y（黄）三色决定色彩的色相变化，它们按照一定比例相叠加会呈现中性灰色，由于会出现偏色现象，因此产生灰平衡概念。

灰平衡是准确复制色彩的关键，灰平衡主要是解决C、M、Y三色叠加之后的偏色问题。

了解灰平衡的变化规律有助于识别印刷中的色彩，并且巧妙地运用灰色调进行设计。

C、M、Y灰平衡规律，可以通过以下数据分析：

浅灰色：C10、M7、Y6。

中灰色：C38、M30、Y30 和 C50、M40、Y40。

深灰色：C85、M75、Y75。

C、M、Y灰平衡规律：浅灰色的C、M、Y三色叠加比例为递减关系；中灰色和深灰色的C大于M和Y叠加比例，M和Y叠加比例基本相同。

不同比例的灰平衡

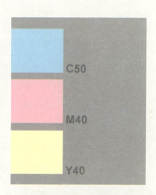

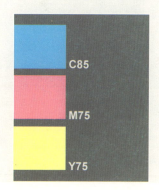

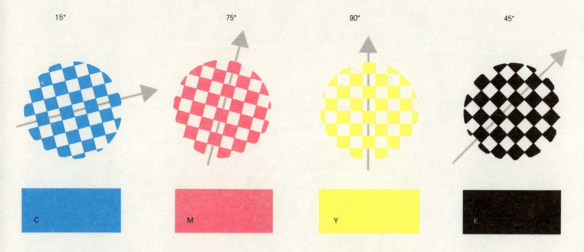

■ 印刷色彩的呈现

四色分色版以菲林软片的形式输出，为防止出现龟纹，青、品红、黄、黑版的网线必须变换不同角度。通常按青版15°、品红版75°、黄版90°、黑版45°相互混合。

彩色印刷通常按照黑、青、品红、黄色的色序依次印刷。

单色印刷网线角度采用45°，双色和三色印刷的加网原则是深色网线角度采用45°，其他色彩与深色网线角度相差30°。

■ 四色印刷标准手册

四色印刷标准色谱是以铜版纸或胶版纸，网屏线数为175线/in高标准印刷的。标准色谱包括浅色、单色、两色、三色、四色配色系列。四色印刷标准色谱是印刷文件制作的依据。

● 电脑显示器（RGB）显色与印刷品（CMYK）色彩色域空间之间存在一些差距；

● RGB转换为CMYK模式时显示色彩变化很大；

● 电脑显示器显示的浅色、绿色、蓝紫色与标准色谱的色标差异很大；

● 数码相机（CCD）感应的蓝色转换为CMYK模式时，蓝色的色彩纯度过高并且偏紫色。

因此在使用设计软件制作印刷文件时，需要借助标准色谱的色彩数据调整数值。

专色

商品的商标、包装、样本、书籍、纺织品的印刷中常采用专色印刷。专色印刷的大面积实地色块色彩夺目,货架展示效果好,减少了因网点叠印、网点变形产生的色差,具有颜色稳定等特点。

■ PANTONE 配色系统

PANTONE 是英文名为 PANTONE MATCHING SYSTEM 的缩写,中文正式名称为"彩通",人们习惯按译音称呼为"潘通",是享誉世界的涵盖印刷、纺织、塑胶、绘图、数码科技等领域的色彩沟通系统,已经成为事实上的国际色彩标准语言。

世界任何地方的人,只要指定一个 PANTONE 颜色编号,只需查一下相应的 PANTONE 色卡,就可找到它所需颜色的色样。颜色是无法用语言文字准确表述的,如果通过电脑文件来传递,由于成色的原理不同,电脑屏幕显示的颜色或彩色打印的颜色,与产品实际颜色会有很大的差距,PANTONE 可以避免彩色不一致所引起的麻烦。

PANTONE 色卡的色彩是通过黄、品、青、黑、白五种油墨调和而成的。调和的专色色彩更加鲜艳、饱和度高,大面积色块呈色均匀,可以弥补四色叠加印刷色彩的不足。

■ 专色油墨的调色

（1）基本色油墨分为三类：原色墨、间色墨和黑、白墨。

原色墨　是不能由其他颜色混合出来的三原色油墨，如青、品红、黄色墨。

间色墨　是由两种原色墨等量混合形成的色墨。

黑和白墨　是可以单独或者供调和使用的色墨。

（2）以 PANTONE 专色标准为基础，打标准色样，调配的专色油墨接近标准色样密度后，按照用量计算最终配比，确保小色样与生产样的一致性。油墨调和必须充分混合均匀。

（3）深色专色油墨调配。

以黑墨为基本墨，再逐渐加入少量原色墨或间色墨调配。一般尽量少用原色墨的种数，避免降低油墨的亮度和色彩鲜艳度。

（4）浅色专色油墨调配。

以白墨为基本墨，再逐渐加入少量原色墨或间色墨调配。由于白色的分解作用，浅色显色较强，如果色彩纯度过高，可在颜色中加少量黑色墨降低色彩纯度。

（5）承印材料的色彩和特性与油墨调配。

承印材料的色彩和特性直接影响专色效果，打样使用的承印材料与正式印刷使用的承印材料保持一致，准确调色要考虑承印材料自身的色彩。

（6）印后工艺与专色油墨调配。

一些印刷品印后加工需要覆膜、上光，覆哑膜会使颜色变灰，上光会使颜色变暗、纯度提高，因此专色油墨调配需要考虑色彩的变化因素。

● 金属色油墨

金墨和银墨以其独特的金属效果，广泛应用于各类印刷中。

金墨是用铜和锌合金组成的金粉为颜料制成的油墨，由于含锌量的不同，金粉具有不同的色泽，有红光金粉和青光金粉。金粉的化学性质不稳定，发生化学变化，使金墨变暗。

银墨是以铝粉末为颜料的油墨。铝质银粉遮盖力强，化学性能稳定。

● 金属色油墨的印刷工艺

(1) 金、银墨的颗粒粗，不适合表现过细的图文。

(2) 通常按照印刷的色序排列方式，金、银油墨放在最后印刷。但也可以把金、银油墨作为底色先印刷，然后再进行四色印刷。

(3) 金、银色油墨覆盖力较强，要使金、银色墨获得较好的光泽，可在红色、蓝色等深色颜色的墨层上叠印，呈现金属光泽更好。

(4) 银色色墨相为冷灰色，可以添加少量色彩墨调和成独特的金属色油墨。

纸张开切与开本尺寸

■ 纸张数目的计算方式是以 500 张为定量的，幅面大小一般以全开为准，500 张为 1 令。

■ 纸张包装形式分为平板纸和卷筒纸两种形式。

■ 纸张的厚度。

纸张的厚度以每平方米的克重来区别。标准克重符号为（g/m^2），通常简称"克"。一般使用的纸在 70~250 克之间。

卡纸 定量在 250~400 克之间的纸制品，厚度介于纸张与纸板之间，质地好，挺括光滑。卡纸分三层，表层与底层主要用漂白杂浆制成，中层用类浆和浆渣等制成。表层与底层均为白色的为白底白卡；表层为白色，底层为灰色的为灰底白卡；表层与底层均为白色的，但一面十分光亮，一面毛糙的为玻璃卡。

纸板 定量一般在 400 克以上的、厚度大、重量大、质地好、挺括、坚实的纸制品。均以厚度为计量单位，一般从 0.7mm 开始。装订常用纸板的厚度有 0.7mm、1mm、1.5mm、2mm，装订用纸板多采用灰色或褐色磨木浆、中性盐酸或硫酸半化学木浆、中性盐酸或碱性茎秆类浆及废纸浆制成。

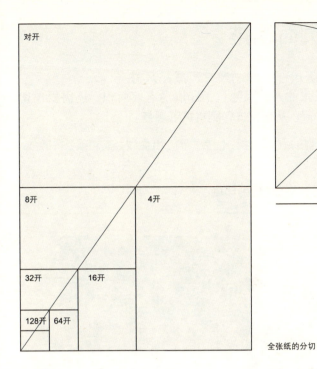
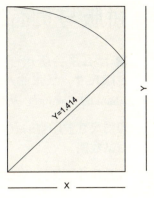

全张纸的分切

纸度有国际系统的开型制度，又称ISO开型，按 X：Y=1：1.414 的比例。
国际上把纸张分为 ABC 三种纸度：
A 度 一般用于书籍和杂志；
B 度 用于广告、招贴；
C 度 用于信纸、文件夹；
SRA 为预留出血边。
RA 为预留切边及"咬口"。
SRA 与 RA 是印刷时纸张的尺寸。

■ 纸张的开切

标准全张 787mm×1092mm 光边，后 780mm×1080mm。
大度全张 889mm×1194mm 光边，后 882mm×1182mm。

开数 指一张全张纸上排印多少版式开出多少块纸张，也可以用于表示书刊幅面大小。

全张纸称全开，对折从中间裁切成两张称为对开，依此类推裁切可成为 4 开、8 开、16 开、32 开、64 开。除此之外，还有 3 开、6 开、12 开、24 开、20 开等不同裁切方式。

■ 纸张纤维方向

纸张是用植物纤维制作的，考虑使用需要，在制造时有横向或纵向纤维的走向。温度或湿度发生变化时，会产生明显的伸缩变化，纤维松弛且克数高的纸张伸缩明显。

书籍装订之后要保持平整性，纸张的纤维方向尤其重要。因此，选择纸张、拼版、装订时必须保持纸张的自由收缩，基本原则是纤维的走向与装订线保持平行，才不会呈现水波状。

● 有横向或纵向纤维的纸张成品供选择使用。

拼版与页面编排

■ 什么是台版尺寸、印刷尺寸、成品尺寸

台版尺寸 纸张的开切尺寸包括印刷的有效面积，还需要保留10mm的"咬口"，从而保证印刷机抓纸顺畅。

印刷尺寸 印刷的有效面积，包括页面、出血线、裁切线、拼版线、测试数据。

成品尺寸 经过裁切之后的印刷品尺寸。

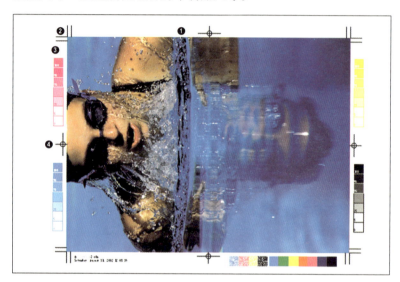

❶ 咬口
❷ 出血线
❸ 裁切线
❹ 拼版线

■ 页的概念

页面 Page（或称"P"）是装订中的最小单位。通常印刷完稿设计以单页或对页为编排单位。

16开本的印刷品由16个页面组成一个印张，也可以是8个页面组成半个印张。

■ 页面组合

拼版前首先要了解印件的印刷方式、装订方式和页码次序。

在进行页面拼版时，应对每一个折页注明相应的信息。在很多情况下，书页并非是单独印刷的，它们必须与其他书页印在一起，这就需要进行页面的拼版。因此，常常一本书要有许多折页。页面组合时，天头对天头，或地脚对地脚，"头对头"或"脚对脚"主要取决于折口的位置。

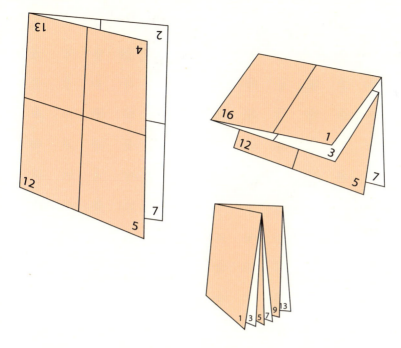

一般拼版前要折小样，拿出一张 A4 纸，将它们按对边相折进行对折，折 3 次；这时，这张纸就变成 A4 的 1/8 的尺寸（128 开）大小的纸了。翻起每一页，正反面依次写好页码，这就是一个折页。可按照这样的页码顺序进行拼版。

■ 拼版

拼版由单版编排组成一个印版，拼版必须符合工业化生产要求的操作方式，拼版时应考虑成品折叠后的先后顺序。

拼版须知：

（1）印刷品是单面还是双面印刷；
（2）印刷品是散张还是采取某种装订方式；
（3）印刷品的开本；
（4）正确的页码次序；
（5）是 8 开、4 开还是对开的印刷机完成印刷；
（6）是单色、双色、专色、四色还是四色 + 专色印刷；
（7）多种材料的配页方式；
（8）拼印方式。

❶ ❷ ❸ ❹ ❺

■ 工业化生产的印刷方式

单面式 只在纸张的一面印刷，称为单面印件。一般传单、样本中的隔页、张贴广告采用单面式的印刷。

双面式 在纸张的一面印完一印版之后，再在反面印一个印版。双面式是最常用的拼版方式，对开双面式拼版也就是通常所说的一个印张。

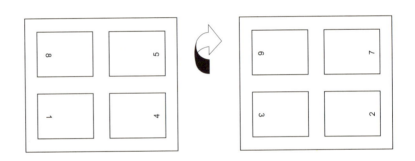

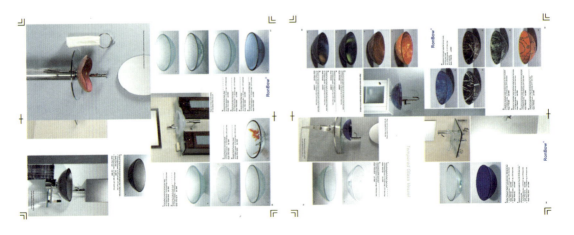

按页码顺序排列的样本

自翻版 印刷品只有半个印张时可以拼印,将正面半个印版和背面半个印版拼在同一个印版上,印刷时先印一面,纸张自翻身(横转纸张)后再印另外一面,以纸张同一长边为咬口。印件印刷完成后,在纸张长边当中裁切为二,就可以获得两份同样的印刷成品。

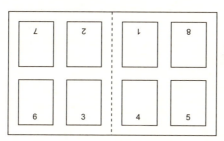

● 自翻版印刷成品的计算方式不同于一般的双面印刷,如果需要1000份印刷成品,只需要印500张印件

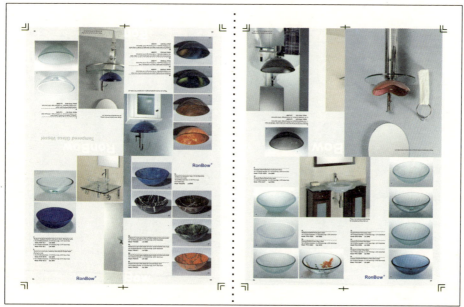

纸张的折叠

纸张首先通过印刷，然后按照设计要求折叠之后得到折页，如果是书籍还要进行装订。

折叠分为平行折和垂直折两种基本形式，由这两种基本形式可以派生出很多种折法。

平行折是指每一次折叠线都以平行的方向去折叠。平行折主要用于贺卡、请柬、小册子、DM广告、宣传单的折叠。

垂直折是指每一次折叠之后，至少有一次折线与已折好的折线成直角。垂直折主要用于书籍和样本的折页。

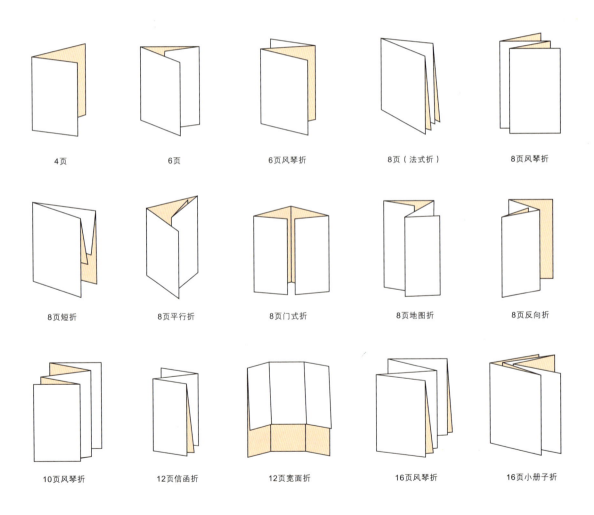

4页　　6页　　6页风琴折　　8页（法式折）　　8页风琴折

8页短折　　8页平行折　　8页门式折　　8页地图折　　8页反向折

10页风琴折　　12页信函折　　12页宽面折　　16页风琴折　　16页小册子折

书籍的装订方式

骑马订
YO 圈装
无线胶装
线胶装　线胶装精装

骑马订　把书贴套叠起来，用铁丝订书机将书芯与封面一起装订，由两个或多个骑马钉固定。考虑纸张页过多叠加会呈现"挤边"现象，纸张过多还会影响印刷品装订后的成型效果。一般 16 开本，封面使用 200 克铜版纸，内页使用 157 克铜版纸印刷品装订，内页在 32P 以下为宜。

骑马订的装订形式简单，广泛应用于资料册、宣传册、样本等的装订，并且配合现行骑马订装订机，生产效率很高。

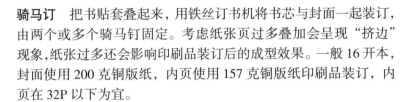

YO 圈装　是一种散页的装订形式，装订方法是首先将裁切过的书页撞齐，然后在书芯靠近书脊的位置开一排孔，开孔形状有圆孔和方孔两种，最后将 YO 圈装上。除 YO 圈外，还有蛇形圈和 D 形文件夹形式。YO 圈装订的书页配页方式更加灵活，可将不同材质或不同克数的纸张、不同印刷方式的书页、拉页、异形书页装订在一起。

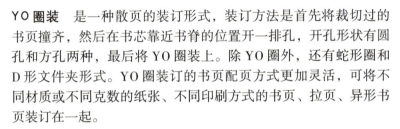

无线胶装　用粘合剂将书帖粘合在一起的装订方式。通常是配好书页后，在书芯的书脊部分开槽或打毛，经撞齐后涂热溶胶，最后将书帖和书封粘合牢固。无线胶装属于简装形式，主要用于期刊、杂志、样本及资料等比较经济的装订。

● 无线胶装装订配页时可以随意插入散页（如广告页、特种纸样张）。但也有缺憾：开合次数过多容易散页。

线胶装　将折好的书页按照顺序配好书帖，用线一帖帖地串起来，制好的书芯粘上环衬，然后在书芯的书脊涂胶并灌浆，将书帖和书封粘合牢固，最后经过裁切和压槽工艺完成整个胶装。

线胶装可以装订比较厚的书，牢固、翻阅方便，成型后平整效果好，但工序复杂，装帧速度较慢。

● 线胶装的封面一般直接与书芯粘结，也有些书籍为增加封面厚度，书芯外先粘空白卡纸为基础，外面套上带勒口的护封形式。

精装 包括书芯的制作、书壳的制作和上书壳三个过程。

精装书的书芯的制作 与线胶装方法相同，不同的是还要经过压平、扒圆、起脊、粘书脊布、粘书签带和堵头布。

书壳制作 用封面材料将封面、书脊和封底分为三部分粘合并卷边处理，精装书的书壳制作分整料书壳和配料书壳，整料书壳用一种整块面制成；配料书壳装订可以选择不同的面料组合。

● 书壳以灰板纸为基础，书封以布、麻、漆布、纸、皮革为面料。

上书壳 通过涂胶、烫背、压脊线工序将书芯和书壳牢固地粘合在一起。书脊与封面、封底之间压出书槽，便于翻阅时的开合。

● 精装书一直保持着欧洲古典的装帧风格，造型美观，坚固耐用。

精装书籍的结构

外部结构

函套、护封、勒口、腰封
书封（封面、封底、书脊）、书槽
书芯、环衬
堵头布、书签带
订口、书口（外切口）、书顶（上切口）、书根（下切口）

函套 位于书籍最外部，起保护书籍和保持书籍整体性的作用。

护封 指套在精装封面外的包封纸，用于保护书封，并起到装饰作用。护封选用质地较好的纸张或覆膜的纸张。护封两端包住书封的部分，称为勒口。

书芯 由配好的书页锁线装订而成，书芯后背为增加牢度粘有书背布，书背布有纱布、无纺布，以及合成材料等。有些精装书籍的切口处也印有色彩和图形。

书签带 一头粘在书芯后背，另一头放在书页中，起到翻阅间歇的记号作用。

书封 包在书芯外面，分为封面、书脊、封底三部分，相互之间留有书槽。书封以纸板为材料，并采用纸张、皮革、布等材料裱粘，并且需要卷边处理。书封大于书芯，要留向外 3mm 冒边。

● 古典书籍的书脊有条形起脊装饰，书封四角有包角。

环衬 起到连接书芯和书封的作用，环衬一面与书芯的订口相连，另一面完全裱粘在书封的反面上，环衬主要用于精装书籍的装帧。考虑书籍翻阅时，封面频繁开合，因此环衬选材韧性要好。

堵头布 是一种经过编制加工的有线棱的布带。堵头布用来粘贴在精装书切完的书芯后背两端，将每帖折痕堵盖住，只露线绳棱。堵头布的作用是将书芯两端牢固连接，保持书籍外形美观。

● 堵头布与书芯同宽，堵头布有很多花色可供装订选择。

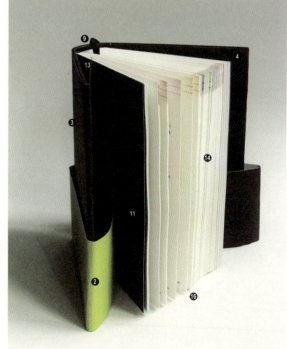

精装书籍结构示意
❶ 函套
❷ 腰封
❸ 护封
❹ 勒口
❺ 封面
❻ 封底
❼ 书脊
❽ 书槽
❾ 堵头布
❿ 书芯
⓫ 环衬
⓬ 书签带
⓭ 订口
⓮ 书口（外切口）
⓯ 书顶（上切口）
⓰ 书根（下切口）

内部结构

版面、版心、天头、地脚、切口、订口、分栏、栏宽、栏间距
字体、字号、字间距、行间距、段距、行宽、缩格、移行、标点符号
环衬、扉页、序言、编后语、目录、版权页
标题、正文、书眉、页码、脚注、索引、附录、图版、插图、图表

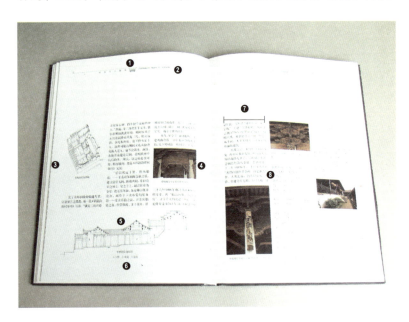

❶天头
❷书眉
❸切口
❹订口
❺版心
❻地脚
❼栏宽
❽栏间距

版面　印刷成品的页面，包括图文和空白。
版心　位于版面中图文的最大范围。
天头　版心上沿处的空白。
地脚　版心下沿处的空白。
切口　实际是指阅读时的翻阅边。
订口　是与前口对应的边，指书刊应订连的一边。
环衬　用于精装书籍，书封背后粘贴的装饰衬纸。
扉页　指衬纸后印有书名、作者名的单张页。一些书刊将环衬和扉页装订在一起，称为环扉。
目录　书籍内容的索引，与页码同时使用。
版权页　版权是作者和出版社享有的著作权与出版权。内容包括图书在版编目 CIP 数据、书名、作者姓名、出版社名称、责任编辑、出版人、制版单位、印刷单位、开本、印张、字数、版次、印次、印数、定价。

书籍出版流程

论证选题
确定书籍形态、书籍开本，确定读者对象和书籍定价。

确定选题
CIP 数据申请，确定作者编写。

编写 / 编排设计
作者编写书稿、文字输入、插图或图表绘制、图片拍摄、图片电分、版面编排设计。

交稿
书稿以黑白或彩色打印的方式提交（含电子文件）。

三审
一审由责任编辑审稿。
二审由编辑室主任审稿。
三审由总编审稿。

三校
书稿经过三次校对，每校对完一次修改一次书稿，打印一次黑白稿，然后再进行下一次的校对。重点图书的书稿经过五次校对。

输出菲林片 / 印刷打样

审读
将印刷打样的书稿或蓝图打样折成假书进行最后的审阅。

交付印刷

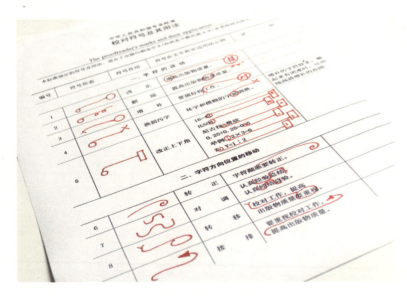

专业标准校对符号及其用法

书籍设计课程练习

课程内容: 书籍设计

学时: 60课时　　**对象:** 视觉传达三年级专业课

练习内容: 书籍整体设计。

课程要求: 培养学生对书籍结构、传达形式、插图表现、编排设计、材料与装帧工艺的整体表达能力。

《顾城诗集》

一首充满着感情张力的诗作如何用画面表达呢?因为读者往往不具备诗人的敏感,大家真能从同样的原材料中读出同样的意味吗?插图表现要做的工作是把从诗歌中得到的感动用于去感动你的读者。首先去解读,然后用画面去表现一首诗,做出具备一定情感高度的画面,这里并不是简单的桥梁工作,更是一种难度不亚于诗歌创作的再创造,这如同做一首诗,做得好了,可能就是插图设计师中的"顾城"。

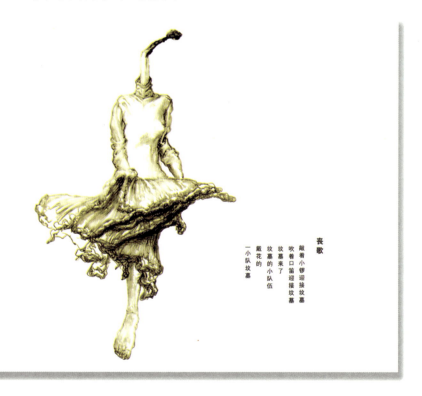

丧歌

敲着小锣迎接坟墓
吹着口笛迎接坟墓
坟墓来了
坟墓的小队伍
戴花的
一小队坟墓

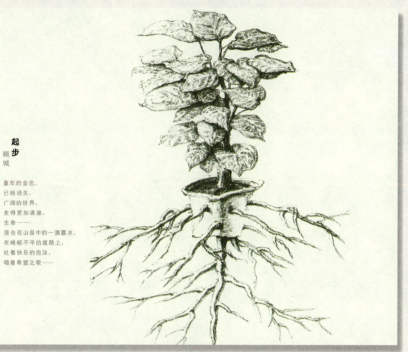

起步

刷城

童年的金色，
已经消失。
广阔的世界，
变得更加清澈。
生命——
溶合在山泉中的一滴露水，
在崎岖不平的道路上，
吐着快乐的泡沫，
唱着希望之歌……

春天死了

春天死了
还没有什么能说
还有什么要说
沉没的大地上
漂满花朵

《周易注释卷》

书籍采用青衣作封面,白色的书签,肌理感很强的内页用纸,梵夹装的装帧形式,十足的书卷气,哲学经典样式的诠释。

内页采用文武线界定版心的大小,从右向左、自上而下依次排列的楷体字,充满东方色彩的表达形式。

轻松、自然的气氛悦然手心,摆脱阅读方式的沉重感。

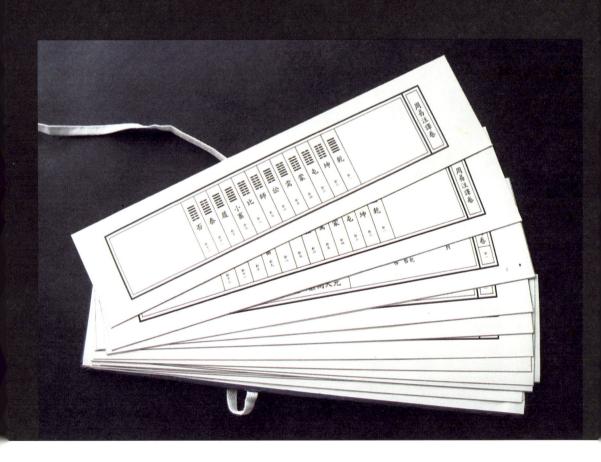

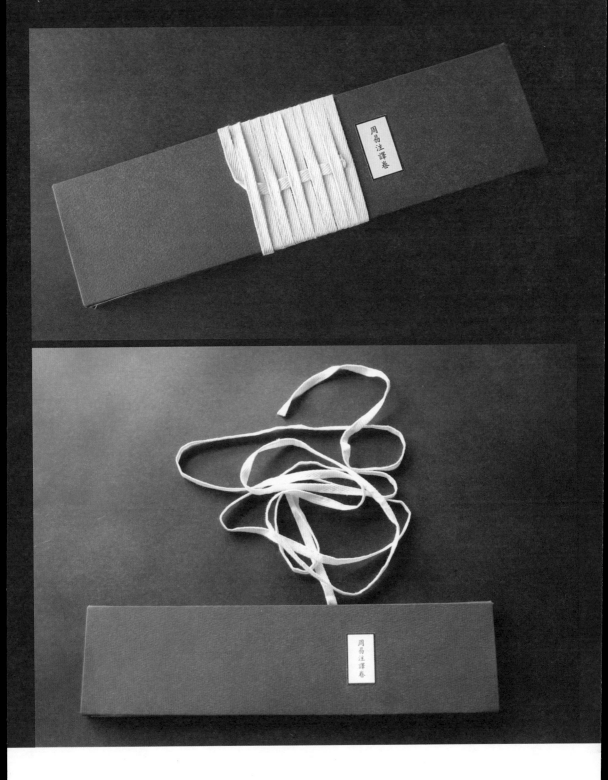

《现场日记》

设计者非常喜爱纸艺、空间装置艺术、有触感和互动的东西。

《现场日记》包括冲刷时间、在水中、安息日、偷时间、麻将、恋爱几部分。

书籍创作以时间为主题。单独抽出从过去到现在再到将来的任一时间定格,将原本在不同时空的场景或现象切换于一个时空中,并且赋予某种特殊的意义。

书籍开合之间传达时间变换的概念,希望读者在平面和立体造型的转换中,制造现场感,诱发对时间感受的通感。

时间其实并不是按同一种速度流失的,每个人的心里都有个属于自己的时间。时间"快与慢"的感受其实和我们自己的心理感受密切相关。

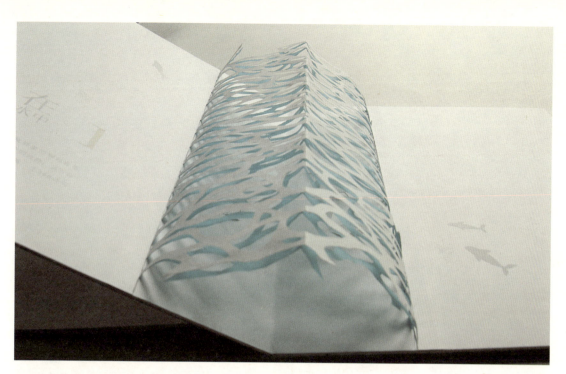
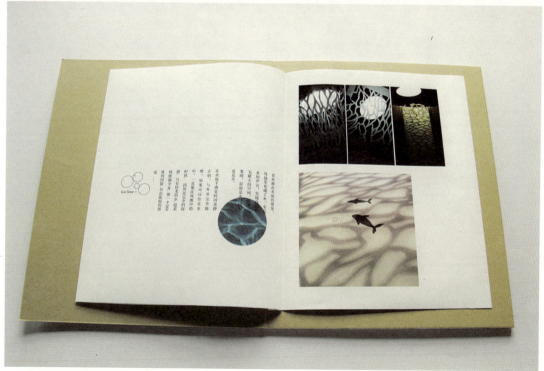

书籍提供了承载有限的信息空间,但没有限定想象的设计空间。

印刷媒体设计　书籍设计课程练习　《现场日记》

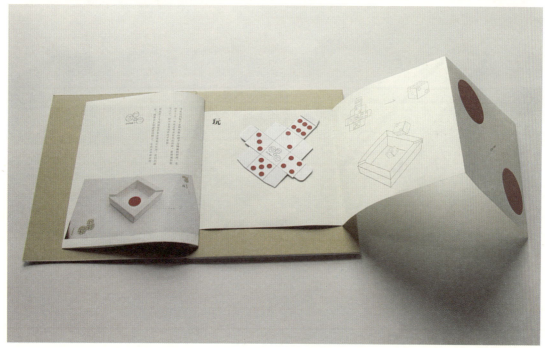

《地球村》

选择书籍设计作为毕业设计课题非常合适。在三个多月的时间里,可以对书籍的内容、书籍的结构框架、设计的传达方式以及印刷工艺作深入的研究。

《地球村》是关于地球科普知识的读物,由一本立体书和六本小书组成。

书的函套采用了包装的摇盖结构。函套的固定方式设计得比较独特,摇盖和函套的右侧面都留有"工"字形的镂空,塞入一本小书之后函套就被锁住。

在书籍整体的设计中,纸张的特性也得到了充分的体现。纸板用于书函的成型,瓦楞板作为书函内部的装饰,卡纸作为立体成型的基础,半透明的牛油纸产生透叠的传达效果。

书籍的形态不仅是静态的六面体形式,它也可以是立体的、多层次的、动态的空间展示。《地球村》采用推拉、旋转、折叠的形式,翻阅时会激发我们阅读的兴趣,这使翻阅的过程也成为真正意义上的互动。

起到函套锁扣作用的小书,又是一本表现地球旋转的动画书

97

采用翻身折页形式,形象地展现地球的发展过程

印刷媒体设计　书籍设计课程练习　《地球村》

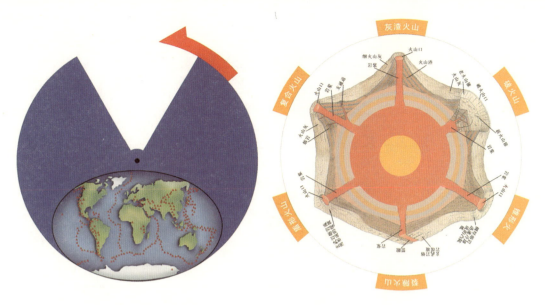

采用旋转动态过程，使阅读成为一种更加积极的互动关系，立体结构也使平面图形不再呆板平淡

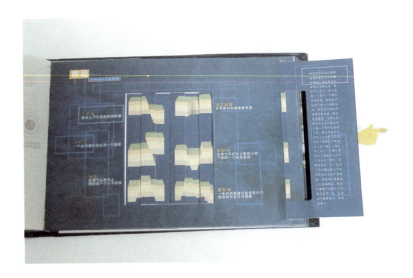

书籍设计必须考虑书籍内容与表达形式的统一，有关地球的科普知识很适合采用立体结构的表达形式，巧妙的设计可以产生丰富的传达层次。

印后工艺在书籍装帧设计中，得到了很好的运用。书籍制作采用拉页、翻身折页、烫金、钉装、模切等装订方式。

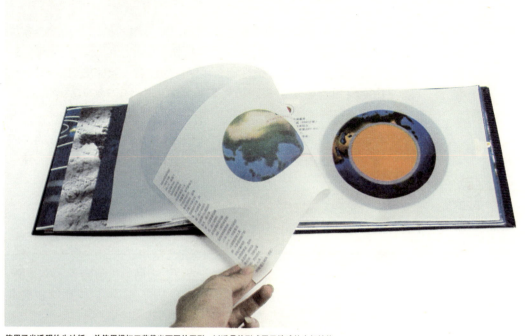

使用了半透明的牛油纸,并使用模切工艺裁出不同的圆形,以透叠的形式展示地球的内部结构

纸制品包装印刷工艺

折叠纸盒

包装在市场流通中起到保护产品和方便使用的作用。在包装家族中，纸制品包装具备材质轻、容易加工制作、容易折叠成型、抗压强度好、优良的保护性能、环保再生性能、低廉的成本等特点，广泛应用于运输包装和销售包装领域。由于市场的需求量很大，纸制品包装的印刷在印刷总量中占有很高的比例。

在商业竞争的时代，包装不仅起到保护功能，而且已经成为品牌形象推广的重要媒介。

纸盒包装分类

纸盒包装包括折叠纸盒、粘贴纸盒和瓦楞纸箱。

■ **折叠纸盒** 用卡纸和细瓦楞纸板制作。卡纸主要有白卡纸、白板纸、玻璃卡纸，可直接在卡纸白色表面上进行彩色图文印刷。折叠纸盒可以采用预粘方式将粘结口粘合，并可以平板状折叠堆码进行储运。折叠纸盒适合包装较轻的物品。

■ **粘贴纸盒** 是用贴面纸将基材纸板（或者采用木板和胶合板）粘合裱贴制成。粘贴纸盒只能以固定成盒形的形式运输、储存和流通。粘贴纸盒比折叠纸盒成本高，一般用于礼品的包装。贴面纸材有铜版纸、特种纸、金箔纸等，贴面纸经过印刷和印后加工之后，再进行粘合裱贴。

粘贴纸盒

■ **瓦楞纸板** 是制造各类瓦楞纸板箱的基材。瓦楞纸板是由瓦楞机压制的瓦楞芯纸（剖面呈波浪状）和面纸粘合而成的高强度纸板。瓦楞纸板的受力基本上和拱架相似，具有较大的刚性和良好的承载能力，并富有弹性和较高的防振性能。

● 瓦楞芯纸一般用作包装盒的装饰内衬、分割结构以及灯管、灯泡的内包装。家用电器、酒瓶、玻璃、陶瓷器皿、金属制品的包装，因需较高的承载能力和防振性能，多采用瓦楞纸盒包装。

纸箱普遍使用双面瓦楞纸板，纸箱的抗压强度、抗冲击能力、挺度都比普通纸板高，并且便于纸箱的储运和堆码。由于瓦楞材料的特殊性，通常采用属于轻压力印刷的柔性版印刷，并且印刷采用水性油墨，具有良好的环保特性。

瓦楞材料表面不平整，不适合精细印刷，一般采用157克铜版纸进行彩色胶印后，再裱贴到瓦楞纸板上，最后模切成形。

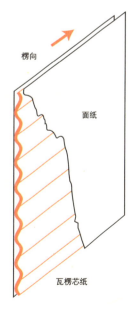

包装设计方案的立体效果图

包装设计制作流程

■ 提出包装设计方案（包括结构造型和包装设计效果）
■ 确定设计方案
■ 制作包装白样（包括印刷工艺和印后工艺分析）
■ 包装印前完稿制作（包括印刷工艺、印后工艺）
■ 制版
■ 打样
■ 印刷
■ 印后工艺（上光、覆膜、烫金、压凸、压痕）
■ 粘合与折叠成型

印刷稿制作包括：

要将 CMYK 四色版、专色版（涨色）、UV 上光版、出血、模切压痕版（折线、裁切线）表现出来。

涨色 专色版、UV 上光版与四色套印时，衔接处很容易套印不准，出现错位和露白边问题。解决方式为：将与专色版或 UV 上光版相接的四色版的外轮廓适当涨色。专色版之间套印时，将与深色版相接的浅色版的外轮廓适当涨色。

模切压痕版 包装的形态、折叠以及成型需要模切压痕工艺实现。因此，模切压痕版的制作十分重要。由于纸张的克重不同，纸张的厚度也不同（从 1.1mm 的卡纸到 4.8mm 的瓦楞纸板），模切版要根据纸张的厚度进行调整。制作方法为顶盖、底盖以及侧面的折口要减去两个纸厚，与粘口粘合的侧面增加一个纸厚。

折叠纸盒的结构图

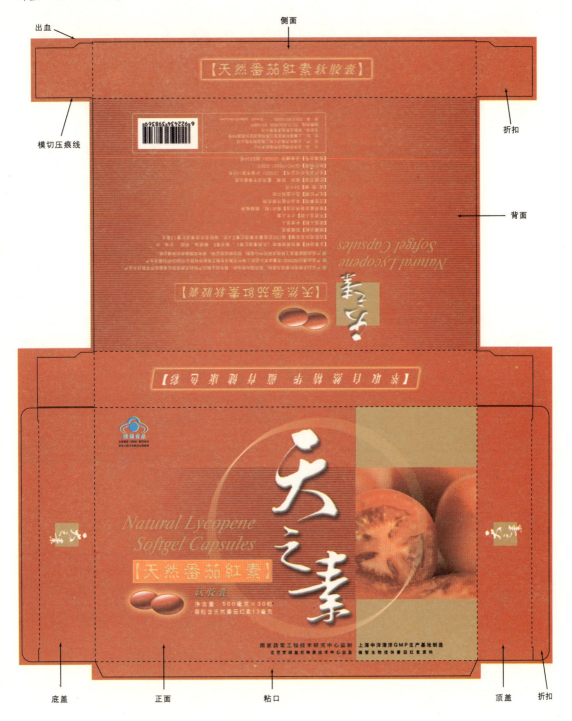

包装设计课程练习

课程内容：1. 包装结构研究　2. 品牌形象与包装设计
学时：60课时　　**对象**：视觉传达三年级专业课

包装设计练习分为三个内容

一、鸡蛋包装保护性能设计

选择鸡蛋包装作易碎品包装设计比较典型，学习包装设计可以先从保护功能入手。

课程要求：研究包装结构、材料与保护功能的关系，深刻认识包装保护功能的重要性。

设计要求：选3个以上生鸡蛋进行纸包装设计。

（1）鸡蛋360°全方位保护。
（2）鸡蛋与鸡蛋相隔离保护。
（3）纸与鸡蛋相接触部分的固定结构。
（4）鸡蛋重心及缓冲处理。
（5）整体包装的成型结构。
（6）简洁的包装结构及设计的合理性。

实验要求：将鸡蛋包装从1m高度自由降落，包装要起到很好的保护作用，确保鸡蛋完好无损，包装结构完整。

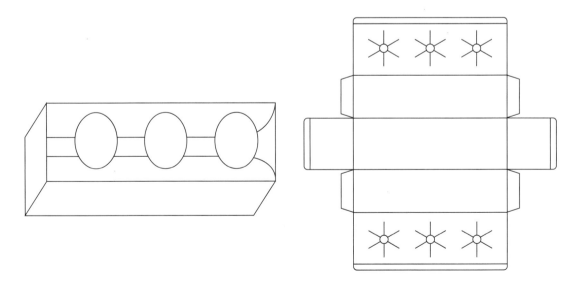

二、水变"质"问题

这里提到的水变"质"是研究如何通过包装设计提升产品的商业价值。

研究要求：水 → 饮料 → 品牌概念

水饮料深入我们生活之中，有成熟的市场。不断产生的新的品牌概念可以满足多元化消费的需要。大品牌水饮料不断调整口味，变换品牌形象，成为水饮料的风向标。消费者在接受新口味的同时，分享时尚的品牌形象。

课程要求：对市场流通的纯净水、矿泉水、碳酸饮料、果汁、茶饮料、功能性饮料等的品牌形象进行市场调查，分析成功品牌的案例，塑造水饮料包装的品牌形象。

尼克系列网吧饮料包装设计
饮料包装设计的最初创意来自于互联网上虚拟明星的流行。

QQ有只企鹅形象，还能在QQ专卖店购买到相关产品，由此看来虚拟明星的魅力很大，对年轻人群的吸引力是难以估量的。于是便构思一套以魔鬼NICO、天使NICO和一半是天使一半是魔鬼的怪物NICO为主角的系列包装。

印刷媒体设计　包装设计课程练习　包装设计练习分为三个内容

YOURSPORTS
NICO SERIES
fruit ingredientes
系列饮料包装

包装采用方便快捷的利乐无菌软包装形式。

将包装密封折角的特征赋予新的含义，将三个包装的每一对角都赋予了个性，魔鬼 NICO 竖起双角，好像它的犄角，天使 NICO 平展双角，好像它的翅膀，而怪物 NICO 则是一半翅膀和一半犄角的结合物。

包装色彩上以各个 NICO 的基本色调和水果的色彩相搭配，力求一种时尚、新潮的视觉感，以及网络外延产品的感觉。

● 我们今天的生活已经离不开因特网，被虚拟的影像包围着并且乐在其中。网络流行的视觉语言和媒体表达的形式不可避免地影响着视觉设计，跃动的色彩、符号化的图形、感情化的形象都成了视觉设计的新宠。让我们与 NICO 网吧饮料来一次快乐网络体验吧。

● 设计流程：
使用 Illustrator & Photoshop 软件进行包装设计
→ 数码打印效果
→ 折纸成型
→ 索尼 707 数码相机摄影（自然光）
→ Photoshop 软件后期制作／版面编排
→ 设计说明

三、系列包装设计

整套包装设计以版面表达的形式提交,学生不但可以从中学到包装设计的知识,并且可以掌握如何用文字、图形、摄影、版面编排来表达自己的设计。

尼克系列餐勺包装设计　尼克系列餐勺包装设计沿用网吧饮料包装时所构想出来的虚拟明星的创意,并且进一步完善了几个角色的造型设定。

市面上的餐勺一般都作为餐具进行简易包装,其实餐勺也可以作为一种饮食文化的象征来进行礼品包装。于是有以大号餐勺和雪糕勺为产品进行的包装设计,分别为魔鬼 NICO、天使 NICO 和宝贝 NICO 组成套装,并配有礼品盒装。

餐勺普通包装的外包装顶部折叠后封口,再打孔用皮绳固定,底部则留空便于抽取内包装。包装正面开口,可以露出餐勺,从而强化了产品特征。

内部包装的结构为数层瓦楞纸板粘合在一起,中心挖空处放置餐勺,结构新颖,又很好地起到保护产品的作用。

配克系列餐勺
NICO SERIES SPOON

配克系列餐勺
NICO SERIES SPOON

印刷媒体设计　包装设计课程练习　包装设计练习分为三个内容

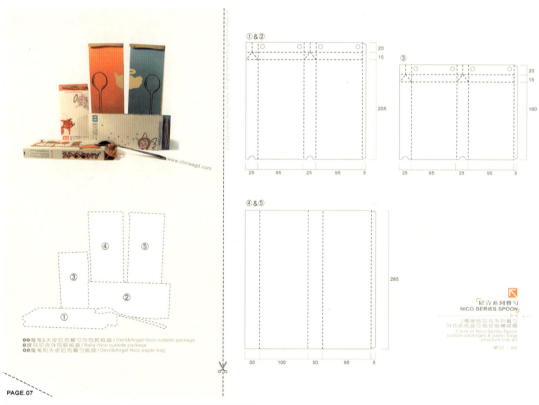

绘制包装的展开图是了解包装结构、材料及印刷工艺必不可少的重要环节

印刷媒体设计　包装设计课程练习　包装设计练习分为三个内容

礼品盒装的主题是情人节礼品装，两个餐勺相互独立包装放置在礼品盒内，两个独立包装又可以拼出一个完整的心形，既可将整个包装作为礼品馈赠，也便于单独收藏。

从版面设计中，可以看到礼品盒装设计是餐勺普通包装很好的延展，礼品包装由两个餐勺普通包装＋一个套盒＋一个拎袋＋宣传小卡片构成，选用同种质感的材料和不同形式的有机组合，从而赋予产品品牌礼品的概念。

尼克礼品包装给我们很多有益的启示，包装并不是对产品的过度装饰，不是形式的耍花样，不是材料的堆砌，也不是印刷工艺的罗列，而应该是运用最合适的表现手段展示产品品牌特征。

● 使用有底色的牛皮卡、特种纸为包装印刷的承印材料，如果采用四色胶印色彩表现效果不好，则要采用专色印刷。

117

包装中的插图人物造型既可爱又有一点酷,体现几个主角各自有不同的个性:魔鬼 NICO 是个天性善良的小魔鬼;天使 NICO 是个爱恶作剧的有点坏坏的小天使;宝贝 NICO 则是魔鬼 NICO 和天使 NICO 幼儿时期的故事。

设计中还使用了一些网络化的标志符号,可以体现系列包装的时尚感。

这套系列包装作为网络虚拟明星的外延产品,消费者定位在喜欢追赶潮流的人群,不仅属于喜爱可爱事物的青年人,也适合一些童心未泯的成人。

WHO Are In The
NICO & SPOON World ?
1.Devil-Nico
2.Angel-Nico
3.Devil-Nico In Love
4.Angel-Nico In Love
5.Baby Devil-Nico
6.Baby Angel-Nico
7.Devil-Nico's Spoon
8.Angel-Nico's Spoon

尼克系列餐勺
NICO SERIES SPOON
All the characters in
Nico Series Spoon world.

119

Two

丝网印刷工作室

了解丝网印刷可以从安迪·沃霍尔的代表作《玛丽莲·梦露》开始。从1962年开始,安迪·沃霍尔将丝网印刷的照相制版方式运用在自己的艺术创作中,作品追求平面化的视觉形象、艳丽的色彩,并以名人形象为题材,赋予其神话概念。

"谁都应该成为机器"主导着安迪·沃霍尔的创作意念。他在1967年《玛丽莲·梦露》作品中尽量削弱自己的因素,运用频繁变化的色彩和错位的套版方式,将假发、眼影、嘴唇、痣等视觉元素符号化,产生独特的视觉效果。

准备进入丝网印刷工作室

为什么选择丝网印刷工艺作为印刷实践课程

■ 丝网印刷的教学方式与丝网印刷行业的操作方式比较接近。
■ 丝网印刷的操作技术比较简单,容易掌握,便于培养学生的手工操作能力。
■ 丝网印刷工作室能够全面地体验印前、印刷的操作工艺。
■ 丝网印刷的印刷材料及耗材相对比较廉价,可操作性强。
■ 丝网印刷可供选择的承印物十分广泛,学生能够对各种材料特性进行研究。

丝网印刷工作室运行的要求

■ 工作室内保持温度21～22℃,湿度不大于60%,从而确保承印材料和油墨物理性能的稳定性,安装空调及加湿器,配备温度及湿度的测量表。
■ 工作室内接入水源,水压要保持稳定,供显影和冲洗丝网使用,相应设置下水管道。
■ 保证丝网印刷设备及照明电源的用电需求,采用分路控制。
■ 充足的自然光和荧光灯为丝网印刷的光源。
■ 为涂布感光胶和晒版提供专用暗室空间。
■ 安装通风设备,保持室内空气清新。

丝网印刷工作室的空间划分

工作室拥有丝网印刷的成套设备,可以完成从制版到印刷的全过程工作。将工作室按工作流程分为电脑制作平台、印前准备空间、印刷工作区域、贮存空间四个区域。

■ 电脑制作平台(主要用于印前完稿制作、修改设计文件)
电脑显示器、PC/苹果电脑主机、互联网、A3黑白激光打印机。
■ 印前准备空间(主要用于丝网印前制版、修版)
绷网机、晒版机、烘干机、清洗池、修版台、暗室、暗柜。
■ 印刷工作区域(主要用于丝网印刷)
手印台、丝网印刷机、晾晒架、油墨及承印物放置架、刮板夹。
■ 贮存空间 (主要用于贮存)
油墨贮存、承印物贮存、网框及丝网贮存、印刷品贮存。

丝网印刷实验室平面布置图

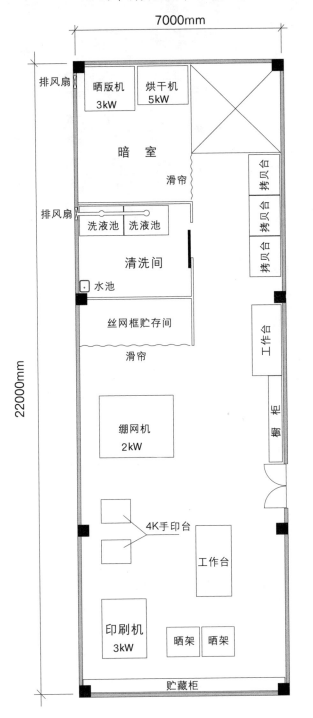

● 150m² 的丝网印刷工作室能够容纳15个学生同时操作。可以分为几个工作小组，分别完成制版、印前准备、印刷的工序

说明：
(1) 丝网印刷工作室平面布置如图所示。
(2) 清洗池要求上排风、下排水。
(3) 地坪用水磨石。
(4) 电源总负荷：25kW，各设备区域要求能单独控制。
(5) 电源插座数量：20个。
(6) 该室要求恒温、恒湿。

网版制作

丝网

丝网是按经纬方向编制的网状材料，它是丝网印版的版基。

■ 丝网材料

丝网主要以尼龙、涤纶及不锈钢网等为材料。

根据不同材料的平滑性、拉伸强度、回弹性、耐印力、耐酸碱等特性选择合适的丝网使用。

尼龙丝网

表面平滑性能良好、牢度及耐磨性能好、耐印力高、回弹性能好、拉伸比较大。

耐化学腐蚀性强（耐酸碱性能好、有机溶剂）、与感光胶结合很好、油墨过墨量比较高、成像清晰。

丝网可反复使用，成本低廉。

优点：适合颗粒大、黏度高的油墨印刷,适于柔软材料和曲面的印刷。
缺点：拉伸比较大，图像容易变形，不能印制高精度印刷品。

涤纶网

牢度及耐磨性能好、耐印力高、回弹性能好、拉伸比较小。
耐化学腐蚀性（耐酸性、有机溶剂）、与感光胶结合较好。
耐热性能好，抗水性能好。

油墨过墨量较高，呈像清晰。

丝网可反复使用，成本较高。

优点：拉伸比较小，图像不容易变形，适合印制高精度印刷品。

缺点：不适合颗粒大黏度高的油墨印刷。

不锈钢网
牢度及耐磨性能好、耐印力高、回弹性差、拉伸比较小。

耐化学腐蚀性（耐酸性、有机溶剂）。

油墨过墨量很高，成像清晰。

丝网可反复使用，成本很高。

优点：拉伸比较小，图像不容易变形，适合印制高精度印刷品。

缺点：受外力容易损伤，不能回弹。

■ 丝网的目数
丝网的疏密以目数来表示，目数按每平方英寸的网孔数计算，目数高网孔就密，反之，目数低网孔就稀。通常使用 40～200 目，密的进口尼龙丝网有 300 目，进口不锈钢网高达 400 目。

那么，选择多少目数的丝网才合适，要根据承印物材质、印版精度要求、油墨的颜料颗粒粗细、过墨量、温度高低、湿度大小等因素决定。

通常印刷越精细，丝网目数越高。如果丝网目数较高，可能会导致油墨难以通过网孔，甚至堵塞网孔。因此，在能满足印刷要求的情况下，尽可能使用目数较低的丝网。

● 水性印花色浆印制纺织品 T 恤选择 120 目丝网，国产 HYP 丝网以油墨印制普通纸张选择 200 目丝网。

■ 丝网的颜色
通常使用的丝网主要有白色和黄色两种，将丝网染色是为了防止晒版时出现漫反射光使图像模糊不清。

一般将丝网染成暖色以与感光胶色彩区分。

淡色丝网曝光时间短，深色丝网曝光时间要延长。

网框

网框是用于支撑丝网的框子,它是丝网印刷的限定空间。

铝合金型材是网框的最佳选择。型材截面中间是空的,有一定壁厚,具有牢固、不易变形又轻便的特性,可反复使用。

■ 丝网需要一定的张力,这样可以确保丝网印刷时图像的精确度,而保持丝网张力就采用网框固定。如果需要制作大面积的网版,还要选择有龙骨结构的铝合金型材制作网框,主要目的是为了增加网框抗拉力,防止丝网版的张力松弛影响丝网版的质量。

固定丝网通常采用气动绷网机张网,网框要承受一定丝网拉力,因此网框型材要有足够强度。

■ 丝网版烘干时需要加温,因此温度变化时网框型材要采用相对稳定的材料特性。

■ 丝网版清洗时使用水、油墨、化工清洗剂,网框型材要具有耐腐蚀和防锈特性。

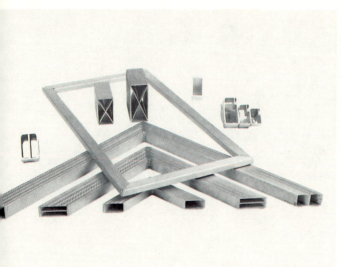

网框的尺寸

■ 根据丝网印刷的特殊要求，图像外边与网框内径应保持10cm以上的距离，确保积存油墨位置及刮板行程的需要。考虑刮板行程特点一般网框成矩形。

■ 图像位于网框中部时丝网回弹比较均匀，从而能确保图像的印刷质量。网框的尺寸可以根据常规印刷图像的尺寸确定。

■ 可根据印刷台板的大小确定网框的尺寸，异性或曲面的网框可根据承印物的需要确定尺寸。

● 网框型材制作采用45°对角拼成，90°直角的焊接工艺固定成型。焊接好的铝合金型材网框由毛面和光滑面组成，其中毛面部分有槽纹，用于粘结丝网使用。

● 为确保操作安全和避免刮伤丝网，网框在使用之前必须检查是否有毛刺，可用砂纸把毛刺打磨干净。

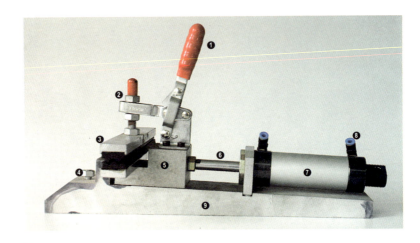

❶ 手柄
❷ 钳口螺钉
❸ 橡胶钳口
❹ 支撑螺栓
❺ 夹头
❻ 拉杆
❼ 气缸
❽ 导气口
❾ 底座

绷网工艺

绷网工艺是把丝网通过张力拉伸并固定在作为支撑的丝网框上。气动绷网效果比较好，丝网张力大并且均匀。

绷网机

工作室采用气动绷网机绷网。

气动绷网机组成

■ 气动式网夹

由手柄、钳口螺钉、橡胶钳口、支撑螺丝、夹头、拉杆、气缸、导气口、底座组成。

气动式网夹的工作原理是将丝网框固定在网夹底座前方，用夹头加紧丝网，通过收缩气缸内气压使拉杆向后拉动，这样产生的拉力与丝网框和网夹底座相顶产生的预应力相结合可将丝网张开。

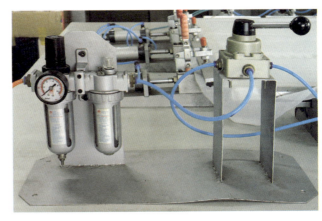

■ 操作台
放置绷网设备和操作绷网工艺的平台。

■ 控制气压仪表开关
由气压表和压力控制杆组成。压力控制杆分为抽气、停止、给气三个控制。

■ 空压机
空压机为气动式网夹提供压力。

■ 连接导管
以串连的方式连接网夹的气缸、压力控制器、气泵，将导管末端封闭起来使用。

粘合剂
工作室采用的粘合剂是 801 万能胶，它的特点是容易干燥，可用开空剂稀释，但不耐高温，因此，烘干、晾晒和保管网版时，温度要控制在 40℃以下。

● 粘结丝网用的 801 万能胶在高温下会出现脱胶现象。因此，丝网在烘干箱内烘干时温度设定在 40℃以下，以防止丝网与网框脱胶。

绷网前准备工作
■ 选择丝网的种类、目数及丝网的张力与印刷要求相适应。

■ 选择与气动绷网机张力相适应的网框。网框尺寸不宜过小，要便于气动式网夹操作。

■ 检查整体绷网设备的运行情况，将气动式网夹的夹头复位，调节支撑螺栓的高度。

绷网操作

■ 直接绷网法

（1）将丝网框凹槽面朝上放置在操作台上，把网夹均匀围靠在丝网框四周，并均匀摆开。

（2）裁切丝网，丝网大于丝网框外尺寸，并便于网夹加紧使用。

（3）按同经向或同纬向，用丝网框两侧中间的网夹将丝网加紧。再依次将整个丝网加紧，从而确保张力均匀，保持纤维原有的经纬方向。

（4）启动气泵，稳定气压在 3.5～4 个大气压。

（5）开启抽气控制，网夹会同步均匀拉动丝网。

（6）粘合剂采用挤压的方式将丝网与网框粘合在一起，同时保持气压的稳定。

（7）保持气压稳定，保持拉伸张力不变，等待 30～40min，确保粘合剂干燥。

（8）关闭气泵，松开网夹，取下绷好的丝网框。

（9）将丝网框外多余的丝网裁掉，用 PVC 银色不干胶带封粘丝网截面和框边。

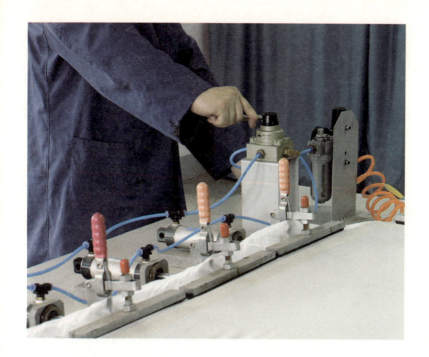

（10）选用洗涤剂清洗丝网表面的污垢，再用清水冲洗干净，烘干或自然干燥后可供印刷使用。

■ 绷网的张力不能超过丝网的弹性极限，另外丝网表面张力要均匀分布，否则都会影响制版和印刷质量，张力过大会将丝网拉裂。绷网时网框拐角处的丝网容易拉裂，因此摆放网夹时离开网框拐角一些。

拉伸张力大小要与丝网材料、网版尺寸以及印刷要求相适应，张力可通过绷网张力仪测定。

■ 间接绷网法
一般绷小尺寸的网框采用间接绷网法。

将小网框有凹槽的一面朝上，均匀放置在操作台上，将直接绷网法绷好的大丝网框压在小网框上，使用重物将大丝网框压紧，再用粘合剂将大丝网与小网框粘合在一起，这样可以保持丝网框拉伸张力不变。

■ 若采用间接绷网法，大丝网框不要用不干胶带封边，待小网框绷网制作完成后，将丝网框外多余的丝网裁掉，用PVC银色不干胶带封边。然后再经过冲洗、干燥后可供印刷使用。

制版工艺

■ 丝网印刷工艺特点分析
（1）丝网印刷主要用以印制具有厚实色彩和平面效果的图文。
（2）完成设计草图，分析草图，研究实现的可能性。
（3）根据设计选择直接刻版或者感光制版。
（4）了解丝网印刷的整个工作流程。

■ 拷贝台
拷贝台是以磨砂玻璃为台面和以日光灯为光源的灯箱。用于观看菲林版、拼版、修版工作。

■ 制版方式
有手工雕刻版膜法和感光制版法两类制版方式。

手工雕刻版膜法
由块面或者比较粗的线条构成的图文，比较适合手工雕刻版膜。

制作方法：将透明片基与图文稿粘在一起，先刻中间部分再刻四边。雕刻时包围结构的图形要留阴线相连。

雕刻图形通过阴线相连

手工雕刻版膜可以直接粘在丝网版上作为印版,无须感光制版。

感光制版法

首先进行底版的制作,通过晒版制成印版。感光制版法原理是利用感光胶(膜)的光化学变化,受光部分产生交联与丝网牢固结合在一起形成版膜,未感光部分经水或其他显影液冲洗,在丝网上形成漏墨的通孔部分。

采集一些树叶,先用颜料涂黑,经过烘干之后粘在片基上,也可以制成底版

底版的制作方法

1. 菲林片晒版法、激光打印硫酸纸晒版法(可以直接通过电脑输出或者打印)
2. 实物遮挡法(选择比较薄的实物,进行涂黑处理,然后贴在透明片基上)
3. 手撕纸遮挡法(将黑纸手工撕成图文,然后贴在透明片基上)
4. 手工制作底版法

手工绘制　使用红丹、丙烯颜料或者黑墨在透明片基表面绘制图文。

手工雕刻遮光材料法　将图文稿粘在黑色即时贴(或者用遮光的纸)上进行雕刻,雕刻之后揭掉多余部分,用转移膜将图文贴在透明片基上。还可以使用雕刻红膜法,红膜是制版专用的遮光材料,由红膜和片基组成,红膜不感光,可以起到遮挡作用。红膜的雕刻方式与即时贴近似,只是红膜自身有黏性。雕刻之后揭掉多余部分的红膜,露出透明的片基,即可获得底版。

京剧脸谱的套印底版采用手工雕刻即时贴的方式制作

■ **套色印刷底版的制作**

块面专色版或连续调网屏版四色套色印刷的色序为先浅色后深色。

块面专色版底版需要制作分色底版,如果两色相接,浅色版作涨色处理,叠色原则是深色压浅色。织物印染油墨特性不同,考虑透叠的需要色序可作调整。

连续调网屏版四色套色印刷直接输出四色菲林片。根据印刷品的具体要求,选择的输出底版网线范围在 30～100 线。

连续调网屏套印的网线角度:黑版 45°、蓝版 15°、红版 75°、黄版 90°、单色版 45°。

连续调网屏版四色印刷色序为黑、青、品红、黄。

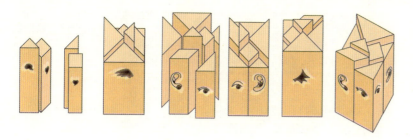

包装的印刷要经过印刷和印后工艺。因此，在制版之前要制作包装的效果图，并且制作纸盒原大尺寸的白样作为模切压痕版的依据。
包装套印底版拼版定位必须考虑模切压痕版的空间

制作拼版对位标线和裁切线 是确保套印准确的关键。专色版一般以100％黑的十字线套圆圈为拼版对位标线。四色套印同样需要标注拼版对位标线和裁切线，只是在文件制作时设置为四色黑（品红100％、黄100％、青100％、黑100％）标注。

拼版／修片 丝网印刷可以采用手工的拼版方式，将图像、文字、底色、拼版对位标线和裁切线根据设计要求进行拼版。

底片效果的好坏决定制版的质量，如果底片出现飞白或者黑色不实现象，可以用油性记号笔填实；如果底片有脏点，可以刀片刮掉再用酒精清洗；如果画面有大面积的实地可以直接粘贴黑色即时贴。

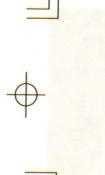

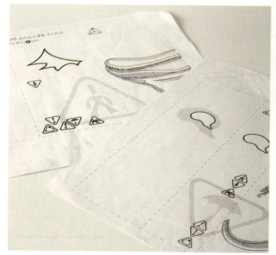
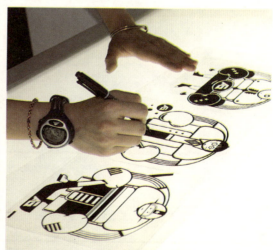

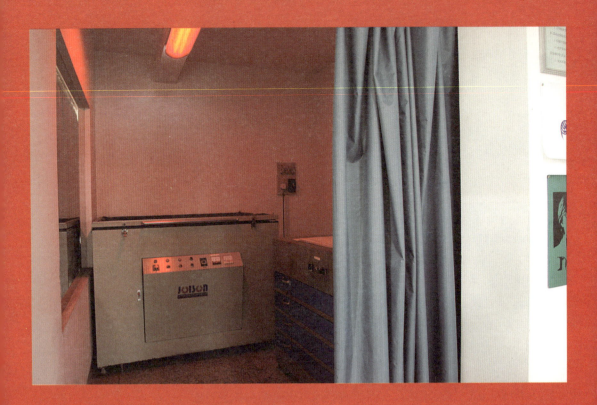

晒版工艺

由于丝网晒版时使用感光材料，因此，整个晒版工艺都在暗室中进行。暗室光源为红光，并配有遮光窗帘。

■ 感光胶

丝网印刷网版需要丝网版膜遮挡丝网，通常采用重氮感光胶作为制版的感光材料。重氮感光胶具有成像好、图像清晰度高及耐印力好等优点。

重氮感光胶由重氮系溶剂加重氮敏化粉组成。重氮感光胶调和过程要在暗室中进行。重氮感光胶使用时首先将重氮敏化粉加一定的水，充分溶解之后，再倒入重氮系（耐溶剂）中调和均匀，放置4h，待充分结合后再使用。

重氮感光胶分耐溶剂和耐水剂两种溶剂，其中重氮系（耐溶剂）感光胶用于油性油墨，而重氮系（耐水剂）感光胶用于水性印花色浆。

丝网版膜的形成机理是将涂布在丝网版上的重氮感光胶烘干后，再经紫外线照射曝光发生固化成为不溶于水的版膜。如果重氮感光胶没有经过紫外线照射曝光用水可以充分溶解，很容易用水冲洗掉，也就不能形成版膜。

固化之后的重氮系（耐溶剂）感光胶可以使用相应的脱膜液将感光胶溶解，用水冲洗干净之后，可以反复使用。而固化之后的重氮系（耐水剂）的丝网版不可以反复使用。

重氮感光胶有保质期限，重氮敏化粉在固态时较稳定，溶解于水或温度过高都会失去感光性，短期保存可在使用完后存放在暗柜中，最好是在5℃以下贮藏。

■ 刮斗
丝网制版首先要把感光胶涂布在丝网上形成感光膜，刮斗就是完成感光胶涂布的工具。刮斗整体成船形，分为槽和刮口两部分，槽用来盛放感光液；刮口与丝网接触进行涂布。

■ 晒版机

晒版原理：由于重氮感光材料通过紫外线照射之后发生固化反应，从而形成丝网版膜。

晒版机就是安装有紫外光灯的曝光灯箱。晒版机用于丝网的感光制版以及丝网版的二次曝光。

晒版机组成

1. 控制面板

①总电源开关；②抽气开关；③光源启动开关；④曝光开关；⑤自动计时器；⑥电量显示；⑦电压显示。

2. 曝光灯箱（带散热风扇、红光源照明荧光灯、3kW 紫外线灯）

3. 气囊（带抽真空导管、抽真空泵和气阀开关）

4. 自动快门

■ 烘干机

烘干机主要用于感光胶和丝网版的烘干。

■ 涂布感光胶

（1）在暗室中，将丝网垂直放置。

（2）将感光胶均匀倒入刮斗中，一般倒入刮斗容量的60%为宜；左手把丝网微微倾斜，右手将刮斗紧靠丝网下端，保持刮斗槽高于刮口姿势，使刮口的感光胶充分接触丝网表面。

（3）保持刮斗与丝网的夹角，并整体抬升刮斗均匀涂布感光胶，抬升到网框时变换刮斗角度呈水平状，刮斗慢慢脱离丝网。

（4）将丝网反面并上下掉头，重复以上涂布动作，就可以在丝网表面形成厚度均匀的遮挡层。

（5）涂布完毕后，将丝网面朝上网框朝下放入烘干箱内进行烘干。

● 为避免感光胶产生感光过度现象，并且丝网材料温度过高也容易损坏，因此，烘干箱温度设置在40°以下为宜。
一般涂布两层感光胶的丝网要经过40min才能彻底烘干使用。
常温下网框与丝网粘合得很牢固，如果想要去除网框上的丝网就将烘干箱的温度提高，丝网很容易接掉。

■ 粘贴底版

将制好的底版反转，使用透明胶带把底版粘在丝网框的反面。粘贴时底版要保持水平和垂直。套色印刷的底版要选择大小相同的丝网框，并定位粘贴分色底版。

■ 晒版

感光胶经过晒版环节才能真正实现丝网版的制作。

以使用菲林片晒版为例，图像在菲林片上呈现黑色遮挡部分和透明部分，晒版时，紫外线通过菲林片透明部分使感光胶充分曝光固化，成为不溶于水的版膜；而菲林片黑色遮挡部分紫外线不能通过曝光，这部分未发生光学反应的感光胶很容易被水溶解，可以用水冲洗干净。

晒版的时间可根据底版而定，连续调或者精细图文的底版曝光时间相对短一些，大块面为主的底版曝光时间相对长一些。

晒版过程：
● 首先开启总电源，然后启动光源，并保持光源的启动状态。
● 将粘好底版的丝网框放在晒版机上，放入抽真空导管，放下抽真空气囊，开启抽气开关抽真空。
● 设定自动曝光时间，快门自动打开，开始曝光。
● 曝光时间结束，快门自动合拢，打开气伐开关放气，再打开抽真空气囊，取出曝光好的丝网框。
● 结束晒版时，按启动光源上边的红键就可以关闭光源，然后关闭总电源，结束晒版工作。

■ 显影

把曝光后的丝网版浸入清水中，经过一分钟左右时间，未发生光学反应的感光胶被水溶解，然后再用水枪喷射冲洗丝网正反两面，将未曝光的感光胶彻底冲洗干净，丝网版就形成图像版膜。

■ 烘干

显影完毕，将丝网版表面的水吸干后进行烘干处理。

■ 修版

涂布感光胶时，靠近网框边缘的部分不易涂到感光胶，可以在修版时添涂遮挡。

晒版过程由于暗室环境不清洁，会将杂点晒到丝网版上，可用毛笔将版膜上未遮挡的空隙添涂遮挡。

修版是制版工艺中的重要环节，修版好坏直接影响丝网印版的印刷质量。

■ 烘干

修版后将丝网进行烘干处理。

■ 二次曝光

二次曝光可以更好地固化感光胶，曝光时间可以为 10 分钟，使丝网版版膜更加牢固，从而增强丝网版的耐印力。

拷贝台是以磨砂玻璃为台面,以日光灯为光源的灯箱,用于观看底版、拼版、修版工作

印刷工艺

放置不同规格刮板的 A 形支架

■ 刮板

刮板是刮墨板的简称,是将油墨从丝网版的孔洞中挤压到承印物上的工具。

刮板分手工印刷用刮板和机械印刷用刮板,手工印刷用刮板具有上墨、压印和回墨多项功能,而机械印刷的刮板要与回墨板同时使用。

刮板由刮条和刮柄组成,刮条固定在刮柄上。

刮条 由天然橡胶或聚氨基甲酸酯材料制成,具有一定的弹性和耐磨性能,硬度很高,便于刮印时用力。刮条根据印刷的不同需要,刃口有方形、圆形、尖形等多种类型。

刮柄 有木制和铝合金两种,木制用于手工印刷使用;铝合金主要在机械印刷上使用。刮柄与刮条的长度相同。

刮墨板的维护 印刷完毕要及时清洗干净刮墨板。将长短不同的刮墨板放置在专用的刮板支架上晾干保存。

刮条经常使用容易磨损,通过砂纸可以将刮条磨平。通常借助手工研磨架和机械研磨机磨制刮条,使用砂布按照先粗再细的原则,将刮条打磨得平直、光滑和锐利。

■ 回墨板

回墨板由铝合金版材制成,其作用是将刮墨板刮印完的油墨刮回起始位置,同时将油墨覆盖在丝网表面,便于再次刮印的需要。印刷机同时设置油墨刮和回墨板,工作原理是油墨刮和回墨板交替运行,分别完成刮印和回墨动作。

不同形状的刮条

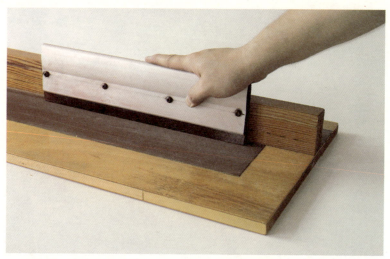

● 可根据印刷的要求选择使用不同形状的刮条。方形刮条适用于平面印刷，尖形刮条适用于曲面印刷，圆形刮条适用于织物印刷。

● 根据网框的大小选择相应长度的刮板，刮板要小于网框内经100mm，充分利用丝网中间稳定的回弹性，并且满足刮板往复上墨和回墨的空间需要。也可以根据刮印图像的宽度，选择相应长度的刮板，刮板要大于图像的幅面宽度40mm，确保刮印时图形完整。

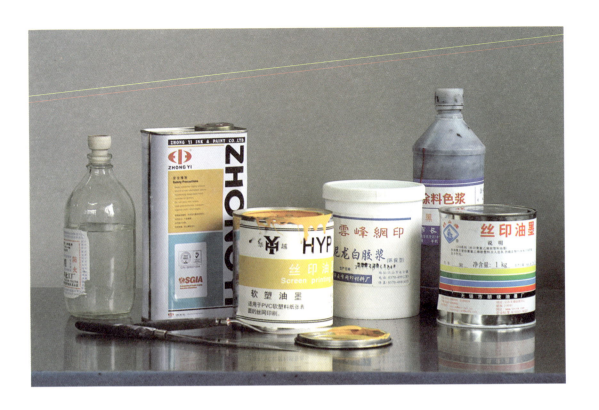

■ 油墨

丝网印刷使用的油墨种类很多,工作室通常使用油性油墨和水性色浆。

油性油墨选用慢干剂作为油墨稀释剂。油性油墨和使用过的工具可选用开孔剂清洗。

水性色浆和使用过的设备和工具可直接用水清洗干净。

■ 调墨刀

调墨刀是调墨、上墨和清理油墨的工具。

■ 承印物

工作室使用的承印物有:白报纸、双胶纸、铜板纸、宣纸、牛皮纸、有色特种纸、灰卡纸、白卡纸、黑卡纸、描图纸、银卡纸;不干胶、PVC不干胶;棉布、T恤尼龙布等。另外准备一些承印物供印刷放量使用。

■ 手印台

四开手印台式丝网印刷机的尺寸小，便于手工操作，可以印制T恤，最大可用于四开丝网印刷品制作。

手印台结构：真空台面、框架起落结构、网框夹和平衡锤。

丝网印刷平台自带真空吸附设施，用于吸附平面承印物。

■ 印刷机

刮墨系统与回墨系统都安装在刮板滑架上，在往复行程的运动中，通过机械换向使刮墨板与回墨板交替起落，分别刮墨和回墨动作。

刮板宽与所印刷图像的宽度保持40mm。

半自动丝网印刷机工作流程：

给件→定位→上墨→落版→降刮墨板/升回墨板→抬版→回墨→收件

■ 晾晒架/悬吊式晾晒装置

丝网印刷的墨色较厚，需要晾晒印刷成品。晾晒架用于承印物自然干燥。

悬吊式晾晒装置可以充分利用工作室空间，但干燥的数量有限。

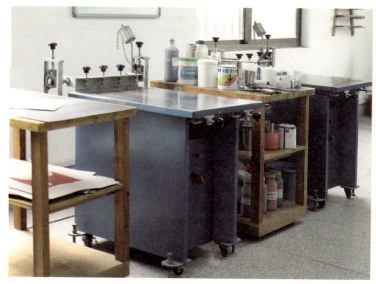

■ 印刷流程

1. 固定丝网版

使用网夹固定丝网版。调节丝网版与台板的距离，并在网框下方放置垫块，预留网距是确保丝网回弹后脱离与承印物的粘连，通常丝网版与承印物表面保持 2～5 mm 的距离。

2. 定位承印物

采用直角挡规定位法定位承印物。

3. 开启真空台

手印台采用抽真空方式吸附承印物，空气通过手印台面的小孔吸附。承印物大小有别，为保证承印物的吸附效果，印刷前将超过承印物幅面之外的孔洞封闭。

4. 放下网框

5. 上墨

将油墨倒在丝网版上方的空白部分，用刮板均墨。

6. 敷墨

用刮板将油墨轻轻刮在丝网版的图文部分。

7. 刮印

丝网印刷原理：在刮压力的作用下，油墨透过丝网漏到承印物上，从而得到图像印刷品。

压力均匀统一是确保印刷质量的关键。印刷时，刮板刮印方向自

丝网有多种定位方法
1. 挡规定位法
2. 片基定位法
3. 跑版定位法（用于大规模 T 恤的印制台板定位）

网框上方至下方运动，印刷过程保持直线运动，刮印压力要保持均匀一致，左右手的压力也要保持均匀。

刮墨时，油墨有黏度，会产生一定阻力，刮板行程时倾斜角度保持为 75°，保证刮印的下压力和水平移动。

8. 网框抬升

9. 回墨
用刮板将油墨轻轻刮回网框上方。

10. 晾晒
将承印物印刷后放在晾晒架上晾干。

■ 清洗

印刷完毕之后，必须马上对丝网版进行清洗，以防止油墨干燥后堵住网孔。

清洗之前必须分清楚各种化学制剂之间的关系，正确掌握操作步骤。主要清洗油性油墨和水性印花色浆。

（1）采用重氮系（耐水剂）感光胶制作的丝网版用于印制水性印花色浆。水性印花色浆清洗比较容易。首先充分用水浸泡，然后用高压水枪冲洗干净。

（2）重氮系（耐溶剂）感光胶制作的丝网版用于油性油墨的印刷，油性油墨清洗比较麻烦。首先使用开孔剂在丝网版及周围网框上均匀涂布，开孔剂会很快将油墨溶解，然后用高压水枪冲洗干净。黑色油墨需要重复涂布多次开孔剂，才能够将油墨溶解。

丝网版清洗之后，放置在阴凉通风处自然干燥。

刮刀、刮板、回墨板印刷使用之后都要清洗干净，清洗之后放置或安装到原位。

● 为避免开孔剂对皮肤造成伤害，戴上手套之后再进行清洗操作。

■ 脱膜

使用重氮系（耐溶剂）感光胶制作的丝网版，脱掉版膜之后可以重新使用。

将脱膜液均匀涂布在丝网版表面，经过五分钟的充分反应，版膜可以彻底溶解，然后用高压水枪冲洗干净，将丝网版放置在阴凉通风处自然干燥。

图书在版编目（CIP）数据

印刷媒体设计/吴建军著.— 2版.—北京：中国建筑工业出版社，2009
 高等艺术院校视觉传达设计专业教材
 ISBN 978-7-112-11311-8

Ⅰ.印… Ⅱ.吴… Ⅲ.印刷-工艺设计-高等学校-教材 Ⅳ.TS801.4

中国版本图书馆CIP数据核字（2009）第169173号

编排设计：吴建军

责任编辑：陈小力　李东禧
责任设计：董建平
责任校对：陈　波　梁珊珊

高等艺术院校视觉传达设计专业教材
印刷媒体设计
（第二版）
吴建军　著
*
中国建筑工业出版社出版、发行（北京西郊百万庄）
各地新华书店、建筑书店经销
北京嘉泰利德公司制版
北京凌奇印刷有限责任公司印刷
*
开本：787×960毫米　1/16　印张：10¼　字数：210千字
2009年10月第二版　2011年8月第五次印刷
定价：48.00元
ISBN 978-7-112-11311-8
　　　(18560)

版权所有　翻印必究
如有印装质量问题，可寄本社退换
（邮政编码 100037）